新 火
从祝融到纳米火

胡志宇 著

清华大学出版社
北京

图书在版编目 (CIP) 数据

新火：从祝融到纳米火 / 胡志宇著. -- 北京：清华
大学出版社, 2024. 12. -- ISBN 978-7-302-67560-0

Ⅰ. TK01-49

中国国家版本馆CIP数据核字第20240TR225号

责任编辑：刘　杨
封面设计：赵美东
责任校对：赵丽敏
责任印制：丛怀宇

出版发行：清华大学出版社
　　　　　网　　　址：https://www.tup.com.cn, https://www.wqxuetang.com
　　　　　地　　　址：北京清华大学学研大厦A座　　　　邮　　编：100084
　　　　　社 总 机：010-83470000　　　　　　　　　邮　　购：010-62786544
　　　　　投稿与读者服务：010-62776969, c-service@tup.tsinghua.edu.cn
　　　　　质量反馈：010-62772015, zhiliang@tup.tsinghua.edu.cn
印 装 者：大厂回族自治县彩虹印刷有限公司
经　　销：全国新华书店
开　　本：165mm × 235mm　　　印　　张：16.5　　　字　　数：217千字
版　　次：2024年12月第1版　　　　　　　　　　　印　　次：2024年12月第1次印刷
定　　价：89.00元

产品编号：100128-01

本书谨献给那些为了人类文明发展和科技进步
做出过伟大贡献的人们！

非常感谢一直在默默支持和陪伴我的亲人和朋友们！

践行，敢为。
The will to do, the soul to dare.

前言

　　在当今复杂多变的国际环境中，我国正在积极推动科技自立和独立创新。本书从科学发展历程开始，以简明易懂的语言呈现了微纳科学领域的最新研究成果，使读者能够领略中国科学家的风采，树立对国家未来发展的信心。

　　创新与学习从来不是对立的，而是相辅相成的关系。但必须明确我们学习的目的一定要能够实现自主创新，以创造国际水平为目标，而不是仅仅达到国际水平。实现"中国梦"需要"中国精神"的引领与支撑，建立自信的创新思想与文化是当务之急，这是一项长期的、需要不断完善的工作。包括美国在内的国家，其创新体系与创新环境也是通过多年全社会共同努力、共同营造的。完善保护创新的法律与制度，制度规范的建立与实施过程监督将决定持续性创新能否进行下去。

　　在阅读之前，我们必须了解自身认知的局限性，以科学与正面积极的态度对待我们暂时无法理解和明白的发现与结果。历史告诉我们，几乎所有科学的重大突破都归集于某个或某几个研究人员的关键工作。人是一切创新思想的起源与载体，将具有创新思想和历史责任心的人放在能够发挥作用的平台上，并给予信任与支持，将大大加快创新的步伐与创新水平的提高。

创新文化对于个人是一种敢于担当、坚韧不拔、积极乐观的态度，对于社会是宽容、理解、支持的环境。相信随着国家的发展、社会创新能力与意识的不断提高，不畏艰险、勇于创新、努力工作的"中国精神"必定会让中国创造引领和影响未来人类科技与文明的进展。

在本书的写作过程中，我查找了大量的资料，深深地感受到人类在探索自然、认识自然，并进一步改造自然的过程是多么的荡气回肠、彪炳千秋，充满了壮丽的历史场景和千秋功绩。一批又一批富有才华的学者、科学家和工程师凭借他们的智慧和不懈努力，使人类摆脱了中世纪的迷信和无知。他们以独特的思考、归纳和分析能力，尽管当时的实验条件和工具非常原始和简单，但他们的成就充分展示了人类文明的光辉，因此几百年来获得了全世界不分国度、种族、年龄的人们的高度认可与尊重（如他们的雕塑与画像被安放在世界各地的广场、博物馆与学校里）。他们中的一些人甚至获得了在古代需要通过赫赫战功才能够获得的爵位，并且在他们过世后获得国葬的待遇，遗体被安放在国家最为神圣与最为庄重的场所中供后人凭吊与瞻仰。他们的成就是整个人类的共同骄傲，值得后人学习与效仿。

几千年来，这些学者、科学家和工程师创造了伟大非凡的科学成就与工程奇迹，同时他们也都是有血有肉、敢爱敢恨的普通人。他们质疑现有的信念，挑战常规智慧，并踏上了发现之旅。他们的革命性观点和开创性理论推动了人类知识边界的拓展，并为现代科学奠定了基础。

在这些非凡的个体中，一些具有开拓精神与创新思想的人面对来自同时代部分人（有时候是大部分人）的反对和怀疑，遭受敌意的打压与迫害。他们所倡导的观点与设想曾遭到嘲笑、蔑视，甚至谩骂，常常被视为异端或被排斥。然而，他们在追求真理的道路上始终坚定不移，无论遇到什么障碍都不曾动摇。他们坚定的决心和挑战现状的勇气最终引发了范式的转变和科学的革命。

科学探索之路并非没有牺牲。那些敢于质疑既定规范的学者、科学家和工程师常常面临个人和职业上的困境。因为他们持有非传统的观点，所以他们遭受了批评、谴责，甚至迫害。然而，他们的坚韧和对知识的奉献推动了人类进步，为后代铺平了道路。

这些先驱者的不懈努力扩展了我们对宇宙和自然世界的认知。物理学、化学、生物学和数学等领域的概念和理论都源于他们的开创性工作。从热力学定律到能量守恒原则，再到麦克斯韦方程组，这些科学巨匠在人类文明史上留下了不可磨灭的印记。

经过几千年的努力，虽然我们在了解世界方面取得了重大进展，但我们必须认识到我们当前的知识水平仅仅是一个起点。宇宙的范围和自然界的复杂性远远超出我们的理解能力。正是通过学者、科学家和工程师的集体努力，无论过去还是现在，我们才能不断揭开宇宙的奥秘，深化对自然世界的理解。

人类的成就证明了人类好奇心的伟大作用和追求真理的顽强精神。尽管他们面临巨大的挑战，但他们的坚定奉献推动了人类集体知识的前进步伐。站在这些巨人的肩膀上，我们有责任传承他们的遗产，推动人类对世界探索的进程，并拥抱前方无限的可能性。

作者曾经在大学教授多年的物理系本科专业课——热学，并且先后开设了多门与能源、碳中和与微纳技术相关的课程。为了备课，作者一直在学习与收集相关的资料。我发现与物理系的其他几门核心专业课（如力学、电磁学、量子力学）的教科书内容相比较，作为曾经号称四大力学之一的热学教科书中的内容相对单薄，似乎无法充分反映热能量和温度在大自然中的普遍性与广泛性。通过在诺贝尔物理学奖官方网站上查找与"热"和"温度"的关键词，作者发现在过去 120 多年中颁发给直接与热学和温度相关的奖项非常有限，或许这是热学教科书内容相对单薄的部分原因吧。诺贝尔物理学奖与"热"和"温度"相关获奖者和获奖理由如下：

年份	获奖者	获奖理由
1910	约翰内斯·迪德里克·范德瓦尔斯（Johannes Diderik van der Waals）	关于气体和液体状态方程的研究
1911	维恩（Wilhelm Wien）	关于热辐射定律的发现
1912	达伦（Nils Gustaf Dalén）	发明了自动调节器，与气体蓄电池配合使用，用于灯塔和浮标照亮
1913	昂内斯（Heike Kamerlingh Onnes）	用于研究低温下的物质特性，尤其是液氦的产生
1928	理查森（Owen Willans Richardson）	在热电子发射现象方面的工作，特别是发现以他名字命名的定理
1978	卡皮察（Pyotr Leonidovich Kapitsa）	在低温物理学领域的基本发明和发现

石器时代的结束并非因为所有的石头都被用完，而是因为人类发明了更为有效的工具。随着微纳尺度科技的测量与研究手段的进一步发展，相信未来将有更多与热和温度相关的研究获得如诺贝尔科学奖般的成果。

人类对世界的探索是一项伟大而永恒的任务。世界的复杂性和多样性使我们永远无法穷尽其奥秘。世界之大、宇宙之浩瀚，还有很多有待我们去发现和认识的自然规律。在此，特借本书与各位读者共勉，让我们继续探索世界、认知世界，为人类与自然创造一个和谐、相辅相成、基于科学认知而构筑更美好的社会与科学体系以及为构建一个更加美好、绿色、可持续的世界而努力！

科学是我们认知世界和探索自然规律的重要工具。科学方法的运用使我们能够以客观、系统的方式观察和理解世界。通过科学研究，我们可以揭示自然现象背后的规律性，并提出解释和预测。基于科学认知构筑的科学和社会体系能够为人类创造更加和谐、美好的未来。

人类是自然界的一部分，我们与自然相互依存、相互影响。保持人类与自然的和谐共处是构建可持续未来的关键。通过科学认知，我们能够更好地理解生态系统的复杂性，采取可持续发展的方式利用自然资源，并保护生态环境，实现人与自然的共同繁荣。

基于科学认知构建的社会体系应当追求和谐、可持续的发展。这意味着我们需要关注环境保护、资源可持续利用、社会公正和经济发展的平衡。通过科学技术的创新和应用，我们能够寻找更加绿色、清洁的能源替代品，建立低碳、环保的生产方式，促进经济繁荣与社会公平并存。

我们面临着众多挑战，如气候变化、生物多样性丧失和资源枯竭等。然而，通过持续的探索、科学认知和可持续发展的实践，我们可以迈向一个更加美好、绿色、可持续的世界。这需要全球合作、政府、企业和个人的共同努力，以科学为指导，制定和执行可持续发展的政策和行动。

在我们追求探索世界、认知世界的道路上，我们应坚持科学认知，推动构建和谐、美好的社会与科学体系。通过科学的力量，我们能够实现人类与自然的和谐共处，创造一个更加绿色、可持续的世界。让我们携手共进，为实现这一美好愿景而努力奋斗！

本书利用作者多年的科研成果作为主要内容，同时参考了各类书籍、文献、互联网资源等，如有遗漏或不足之处，热切期待各位读者提供宝贵意见。

本书经历了数年的构思和创作过程，我要特别感谢清华大学出版社的宋成斌老师和刘杨老师给予的鼓励与支持！

我要特别感谢张朝云教授、赵美东老师与林恒兴同学在本书撰写过程中所给予的巨大帮助！

非常感谢科学技术部、教育部、国家自然科学基金委员会、国家外国专家局、上海市科学技术委员会、上海市教育委员会、云南省科学技术厅、中国核工业集团、华为公司一直以来的支持与帮助！

本书引用了上海交通大学纳微能源创新团队及其合作伙伴共同发表的论文。在此，我深表感谢！

结束语：1997 年，美国苹果公司总裁史蒂夫·乔布斯（Steve Jobs）将"Think Different"确立为公司的广告口号。他亲自朗读并录制了一段由美国领先的创意广告制作人罗布·西尔塔宁（Rob Siltanen）创作的题为"致那些离经叛道者"（Crazy ones）的自由体诗，将其作为一分钟长的电视广告呈现给观众（注：后来在电视上播放的是由电影演员理察德·德雷福斯（Richard Dreyfuss）录制的版本）。

英文原文	中文翻译
Here's to the crazy ones, the misfits, the rebels, the troublemakers, the round pegs in the square holes,	那些格格不入的反叛分子，那些惹是生非的家伙，
The ones who see things differently.	如同方孔里的圆钉一样是些异类，总是异想天开。
They're not fond of rules and they have no respect for the status quo.	他们不满条条框框，从不墨守成规。
You can quote them, disagree with them, glorify or vilify them.	你尽可以支持或反对他们，可以赞美或中伤他们。
About the only thing that can't do is ignore them because they change things.	但你唯一不能做的就是忽视他们。
They push the human race forward.	因为他们改变了这个世界，他们推动了人类进步。
While some may see them as the crazy ones, we see genius.	虽然有些人视他们为疯子，我们却称其为天才。
Because the people who are crazy enough to think that they can change the world are the ones who do.	因为那些妄想改变世界的人，正在改变世界。

目录

1 天火

开天辟地的宇宙大爆炸

奇点，照亮宇宙的火把

宇宙如何起源一直是人类在思考的复杂问题，而大爆炸理论是现今被最广泛接受的宇宙学模型。该理论详细解释了已知宇宙从早期到随后的演化过程，描述了宇宙如何从高密度、高温的状态膨胀，并成功解释了许多观测现象，包括轻元素的丰度、宇宙微波背景辐射和大型结构。

大爆炸宇宙模型的核心思想是宇宙在过去有限的时间内从一个极端高密度、高温的状态演化而来。根据 2015 年普朗克卫星的观测结果推算，大爆炸发生的时间距今约 137.99 ± 0.21 亿年，并且宇宙还是在不断地膨胀中演变成今天的状态。

大爆炸理论基于爱因斯坦的广义相对论，对引力场方程进行了一定程度的简化，包括宇宙学原理的假设，即空间的均匀性和各向同性。在宇宙诞生的最初几天，宇宙处于完全的热平衡态，伴随着光子的不断吸收和发射，形成了黑体辐射的频谱。

随着宇宙的膨胀，温度逐渐下降，电子和原子核结合成原子的复合过程发生在大爆炸后大约 138 万年的"最终的散射"时期。在这个时期，光子的电磁辐射与物质脱耦使宇宙变得透明。

大爆炸理论不仅与哈勃 - 勒梅特定律相兼容，即星系离地球越远，其离开地球的运行速度越快，而且还提供了对宇宙膨胀率的详细测量方法。根据这些测量，大爆炸的奇点被推测发生在约 138 亿年前，这也被认为是宇宙的年龄。

这一理论的首创者是比利时天体物理学家勒梅特（G.Ê. Lemaître，1894—1966），他在 1927 年首次提出了宇宙大爆炸起源论。该理论在美国天文学家哈勃（E.P. Hubble，1889—1953）的观察下得到证实，相关发现一直被称为哈勃定律，直到 2018 年才更名为哈勃 - 勒梅特定律，以纪念勒梅特的贡献。

大爆炸宇宙模型得到了当今科学研究和观测最广泛且最精确的支持。在最初的膨胀之后，这个事件本身通常被称为"大爆炸"，宇宙冷却到足以形成亚原子粒子和后来的原子。这些原始元素的巨大云团——主要是氢，还有一些氦和锂——后来通过重力结合，形成了早期的恒星和星系，它们的后代今天依然可见。除了这些"原始建筑材料"，天文学家还观察到了星系周围未知暗物质的引力效应。

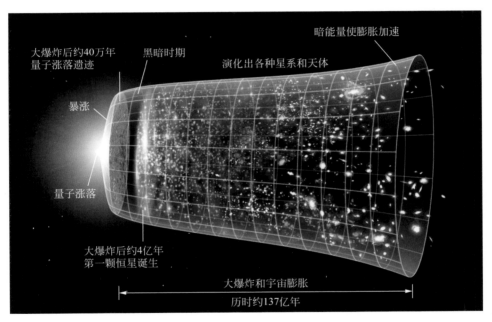

宇宙扩张的时间线

大爆炸（Big Bang）一词首先是由英国天文学家霍伊耳爵士（Sir Fred Hoyle，1915—2001）使用的。霍伊耳是与大爆炸对立的宇宙学模型——稳态态学说的倡导者，他在 1949 年 3 月 BBC 的一次广播节目中将勒梅特等人的理论称作"这个大爆炸的观点"。虽然有很多通俗轶事记录霍伊耳这样讲是出于讽刺，但霍伊耳本人明确否认了这一点，他声称这么说只是为了着重说明这两个模型的显著不同之处。

大爆炸发生之后，随着宇宙的膨胀，温度逐渐降低到光子不能继续产生或湮灭，不过此时的高温仍然足以使电子和原子核彼此分离。此时的光子不断地与这些自由电子发生散射，因此，早期宇宙对电磁波是不透明的。

当温度继续降低到大约3000 K时，电子和原子核开始结合成原子。由于光子被中性原子散射的概率很小，几乎所有电子都与原子核发生复合之后，光子的电磁辐射与物质脱耦。这一时期大约发生在大爆炸后379 000年，被称作"最终的散射"时期。

宇宙中的大部分引力势似乎都是这种形式，而大爆炸理论和各种观测表明，这种超重的引力势并非由重子物质产生，例如普通原子。对超新星红移的测量表明，宇宙的膨胀正在加速，科学家把这一观察结果归因于暗能量的存在。

勒梅特教授在1927年首次指出，膨胀的宇宙可以追溯到一个起源的单点，他称之为"原始原子"。他在《原始原子的假设》首先提出了宇宙大爆炸起源论，指出宇宙学红移可通过宇宙膨胀来解释，并于1927年估算出了哈勃常数。

1964年，在德国出生的美国射电天文学家彭齐亚斯（Arno A.Penzias，1933—2024）和威尔逊（Robert Woodrow Wilson，1936— ）在使用贝尔实验室的一台微波接收器进行诊断性测量时，意外发现了宇宙微波背景辐射的存在。他们的发现为微波背景辐射的相关预言提供了坚实的验证——辐射被观测到是各向同性的，并且对应的黑体辐射温度为3K，这为大爆炸假说提供了有力的证据。彭齐亚斯和威尔逊因这项发现获得了1978年的诺贝尔物理学奖。

这项理论后来被哈勃的观察所证实，故相关发现以前被命名为哈勃定律，直到2018年10月经国际天文联合会表决通过更改为哈勃 - 勒梅特定律（Hubble-Lemaître law），以纪念勒梅特的贡献。

1965 年，宇宙微波背景辐射的发现和确认更使绝大多数物理学家都相信：大爆炸是描述宇宙起源和演化最好的理论。现在宇宙物理学的几乎所有研究都与宇宙大爆炸理论有关，或是它的延伸，或是对它的进一步解释，例如，在大爆炸理论的框架下星系如何产生，早期和极早期宇宙的物理定律，以及用大爆炸理论解释新的观测结果等。

20 世纪 90 年代后期到 21 世纪初，望远镜技术的重大发展和如宇宙背景探测者（COBE）、哈勃太空望远镜（HST）和威尔金森微波各向异性探测器（WMAP）等空间探测器收集到的大量数据使大爆炸理论又有了新的大突破。宇宙学家从而可以更为精确地测量大爆炸宇宙模型中的各项参数，并从中发现了很多意想不到的结果，比如宇宙的膨胀正在加速。

1989 年，美国国家航空和航天局（NASA）发射了宇宙背景探测者卫星（Cosmic Background Explorer，COBE），并在 1990 年取得初步测量结果，结果显示大爆炸理论对微波背景辐射所做的预言和实验观测相符合。COBE 测得的微波背景辐射余温为 2.726 K，还在 1992 年首次测量了微波背景辐射的涨落（各向异性），其结果显示，这种各向异性在十万分之一的量级。

2006 年美国国家航空和航天局戈达德航天中心的高级天体物理学家马瑟（John Mather，1946—　）和美国天体物理学家、宇宙学家、伯克利加州大学物理学教授斯穆特（George Smoot，1945—　）因领导了这项工作而获得诺贝尔物理学奖。在接下来的十年间，微波背景辐射的各向异性被多个地面探测器以及气球实验进一步研究。2000—2001 年，以毫米波段气球观天计划为代表的多个实验通过测量这种各向异性的典型角度大小，发现宇宙在空间上是近乎平直的。

超新星的诞生

超新星是爆发变星的一种，其光度在爆发后会突然增加到原来的一百万倍以上。这种现象是恒星核心燃烧完氢和聚积氦后，由于重力崩溃而引起的爆炸。超新星分为两种主要类型：Ⅰ型和Ⅱ型，分别用 SN Ⅰ 和 SN Ⅱ 表示。Ⅰ型超新星通常是由较小的星体形成，而Ⅱ型超新星则是由比太阳大得多的星体形成。

超新星一词源自新星（拉丁语：nova，"新"），即另一种爆炸恒星的名称。超新星在一些方面与新星相似。两者的特点是持续数周的巨大爆炸、快速变亮，然后缓慢变暗。从光谱上看，它们显示出蓝移的发射线，这意味着热气体被向外吹散。但超新星爆炸与新星爆发不同，它对恒星来说是一场灾难性事件，本质上结束了其活跃（即产生能量）的生命周期。当一颗恒星变成"超新星"时，它的相当于几个太阳的物质，可能会以非常大的能量爆炸进入太空，爆炸后碎片的影响范围甚至能够超过它的整个母星系。

超新星爆炸产生的能量不仅释放出大量的无线电波和 X 射线，还会释放宇宙射线，一些伽马射线爆发就与超新星有关。此外，超新星还将大量较重的元素释放到星际介质中，这些元素在爆炸过程中形成。光谱分析表明，这些元素的丰度高于正常水平。

超新星可以由两种方式触发：突然重新点燃核聚变之火的简并恒星，或是大质量恒星的核心重力塌陷。在第一种情况下，一颗简并的白矮星可以通过吸积或合并从伴星那儿累积到足够的质量，提高核心的温度，之后点燃碳融合，并触发失控的核聚变，将恒星完全摧毁。在第二种情况下，大质量恒星的核心可能遭受突然的引力坍缩，释放引力势能，从而产生一次超新星爆炸。最近一次观测到银河系的超新星是 1604 年的开普勒超新星（SN1604）；回顾性的分析已经发现两个更新后的残骸。对其他星系的观测表明，在银河系平均每世纪会出现三颗超新星，而且以现在的天文观测设备，这些银河超新星几乎肯定会被观测到。它们作用的角色丰富了星际物质与高质量的化学元素。此外，来自超新星向外膨胀的激波可以触发新恒星的形成。

1054年7月4日，产生蟹状星云的一次超新星爆炸发生，这次客星的出现被中国宋朝的天文学家详细记录。《续资治通鉴长编》卷一七六中载："至和元年五月己酉，客星晨出天关之东南可数寸（嘉祐元年三月乃没）。"日本、美洲原住民也有观测的记录。

蟹状星云是与SN1054超新星相关联的一个脉冲星风星云或它爆发后的遗迹

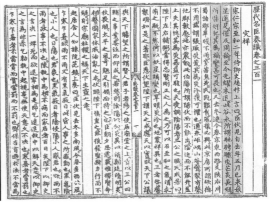

亮彩凸显的段落标示出在宋仁宗至和元年（1054年）中国对SN1054的观测

出生于小亚细亚半岛西北尼西亚的古希腊天文学家、地理学家和数学家喜帕恰斯（希腊语：Ιππαρχος，英语：Hipparkhos，约公元前190—前125）开创了三角学和构建三角函数表，并解决了球面三角学的几个问题。凭借他的太阳和月球理论，他可能是第一个开发出一种可靠的方法来预测日食的人。他的其他著名成就包括在公元前125年发现和测量地球的进动（岁差），汇编出西方世界第一个综合性的星表，可能也发明了他在创建许多恒星目录时使用的星盘、环形球仪。喜帕恰斯最著名的成就之一是建立了天文学中的"等价制度"，即将恒星按照亮度分为六个等级，这种制度后来被称为"等级制度"，成为天文学中最基本的分类方法之一，他在观测恒星时曾经观测到一颗超新星。

岁差，又称地轴进动（axial precession），是指某一天体的自转轴指向在其他天体的引力作用下相对于空间中的惯性坐标系所发生的缓慢且连续的变化。地球的岁差主要由太阳、月球及其他行星作用在地球赤道隆起部分的引力矩引起。在天文学和大地测量学中，岁差一般专指地球自转轴缓慢且均匀的变化，周期约 25 722 年。其他周期较短或不规律的变化则被称为章动。

人类最早的超新星观测记录是中国天文学家于公元 185 年看见的 SN185，有记载的最亮超新星是 SN1006。对此，中国和伊斯兰天文学家都有详细的记述。185 年 12 月 7 日，中国天文学家观测到了 SN185，该超新星在夜空中照耀了八个月。《后汉书·天文志》载："中平二年（185 年）十月癸亥，客星出南门中，大如半筵，五色喜怒，稍小，至后年六月消。"

整个近红外天空的全景图揭示了银河系以外的星系分布，星系通过红移进行颜色编码

人们观测次数最多的超新星是 SN1054，它形成了蟹状星云。超新星 SN1572 和 SN1604 是目前为止以裸眼观测到的最后两颗银河系内的超新星，这些超新星的发现对欧洲天文学的发展有显著的影响，因为这些发现被用来反驳在月球和行星之外是不变的亚里士多德宇宙观点。约翰·开普勒在 1604 年 10 月 17 日观测到超新星 SN1604 达到亮度峰值，并且在此期间一直估计它的亮度，直到第二年亮度暗淡到裸眼看不见才停止。它是那个时代人们所观测到的第二颗超新星（继第谷·布拉赫的仙后座 SN1572 之后）。

燃烧的太阳温暖了地球 46 亿年

太阳是太阳系的中心恒星，形成于约 45.7 亿年前，起源于一个坍缩的氢分子云。太阳的直径约为 1.392×10^6 km，相当于地球直径的 109.3 倍，质量约为 2×10^{30} kg，占太阳系总质量的 99.86%。其化学组成的质量分数主要包括约 3/4 的氢（约 73%）和 1/4 的氦（约 25%），其余包括氧、碳、氖、铁等重元素（约少于 2%）。

太阳形成的时间以两种方法测量：太阳目前在主序带上的年龄，使用恒星演化和太初核合成的电脑模型确认，大约就是 45.7 亿年。这与放射性定年法得到的太阳最古老的物质是 45.67 亿年非常吻合。

太阳在其主序的演化阶段已经到了中年期，在这个阶段的核聚变是在核心将氢聚变成氦。每秒有超过 400 万吨的物质在太阳的核心转化成能量，产生中微子和太阳辐射。以这个速率，到目前为止，太阳大约转化了 100 个地球质量的物质成为能量。太阳在主序带上耗费的时间总共大约为 100 亿年，剩余的燃料预计还可以维持 60 亿年。它不会爆发成为超新星，而是将在约 50 亿年后进入红巨星阶段。在这个阶段，氦核心因抵抗重力而收缩，外层膨胀，最终进入渐近巨星分支阶段。地球的命运在这一过程中是不确定的，当

哈勃望远镜利用偏极化滤镜拍摄的回旋镖（回力棒）星云照片，不同的偏极化角度与不同的颜色结合来呈现

太阳成为红巨星时，其半径可能会增大至现在的 200 倍，这将直接影响地球轨道。

地球绕太阳公转的轨道呈椭圆形，离太阳最近的点在每年 1 月（近日点），最远的点在每年 7 月（远日点），平均距离为 1.496 亿 km，即 1 天文单位（1 AU）。光从太阳到地球大约经过 8 分 19 秒。

太阳光中的能量通过光合作用等方式支持地球上所有生物的生长，同时也主导着地球的气候和天气。太阳在许多文化中被崇拜为神明，其影响早在史前时代就已被人类认知。然而，对太阳的科学认知直到 19 世纪初才逐渐深入。

　　聚变是太阳的动力，太阳中发生的核聚变是太阳核心的高温和极端压力的综合结果，它每秒聚变超过 6 亿吨氢。太阳核心的核聚变功率随着与太阳中心的距离增大而减小，理论模型估计，在太阳的中心，核聚变的功率密度大约是 276.5 W/m^3，是成年人平均单位体积消耗功率的 1/10，太阳的巨大功率输出不是因为其能量输出密度高，而是因为它规模巨大。

坐落于青海省中国墨子大视场巡天望远镜（WFST）在 2023 年 9 月 17 日正式启用，获取的仙女座星系图片

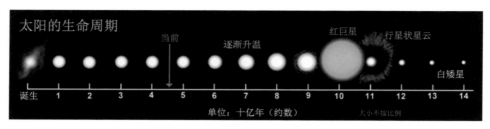

太阳的生命循环（未依照大小的比例绘制）

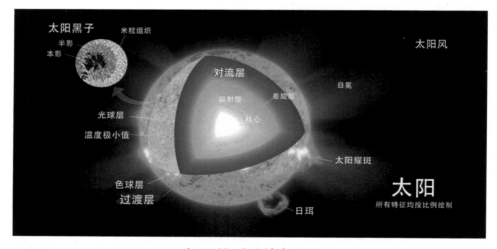

太阳型恒星的横截面图

从外部看，太阳将如新星般突然增亮 5~10 个星等（相比于此前的"红巨星"阶段），接着体积大幅度缩小，变得比原先的红巨星暗淡得多（但仍将比现在的太阳亮），直到核心的碳逐步累积，再次进入核心收缩、外层膨胀阶段，这就是渐近巨星分支阶段。

然而，当太阳成为渐近巨星分支的恒星时，由于恒星风的作用，它大约已经流失 30% 的质量，所以地球的轨道会向外移动。如果只是这样，地球或许可以幸免，但新的研究认为地球可能会因为潮汐的相互作用而被太阳吞噬

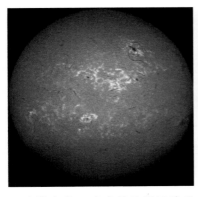
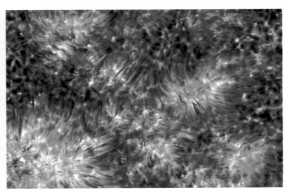

通过带有氢α过滤器的望远镜观察到的太阳

瑞典太阳望远镜（1 m 口径）观测到的太阳色球高分辨率图像

掉。即使地球能逃脱被太阳焚毁的命运，此时的地球也不过是一颗烧焦的石头，大部分的气体早已逃逸入太空。

即使太阳仍在主序带的现阶段，太阳的光度仍然在缓慢地增加（每10亿年约增加10%），表面的温度也缓缓地提升。太阳过去的光度比较暗淡，这可能是生命在10亿年前才出现在陆地上的原因。太阳的温度若依照这样的速率增加，在未来的10亿年，地球可能会变得太热，使水不再能以液态存在于地球表面，从而使地球上所有的生物趋于灭绝。

太阳继红巨星阶段之后，激烈的热脉动将导致太阳外层的气体逃逸，形成行星状星云。在外层被剥离后，唯一留存下来的就是恒星炙热的核心——白矮星，并在数十亿年中逐渐冷却和黯淡——这是低质量与中质量恒星演化的典型。

祝融与普罗米修斯，人类的火种

火自古以来就是自然界中的存在，在开天辟地之初就存在于世间。人类对火的需求和对火的崇拜也从古至今持续存在，因而诞生了对司火之神的特殊崇敬。在中国华夏传说中，公认的火神就是祝融，他被尊称为"赤帝"。

祝融作为火神，有着丰富的神话传说。古籍《山海经》是记录祝融事迹的重要文献。在《山海经·海内经》记载，祝融是中国古代神话中著名的火神，他在这部经典中出现了多次。据《山海经·海内经》记载，在大洪水时期，天帝派遣祝融前去诛杀偷盗息壤（一种传说中的神奇土壤，相当于耐水材料）治水之事的鲧。这表明祝融不仅是掌管火的神明，更是一位听命于天帝、执行杀伐任务的勇猛战神。

南方祝融，兽身人面，乘两龙。——《山海经·海外南经》

《山海经》是一部包含了古代神话、地理、动植物、矿产、巫术、宗教、历史、医药、民俗等多方面内容的巨著。全书分为"山经""海经""大荒经"和"海内经"四卷，记录了100多个邦国、550座山、300条水道以及各地的地理、风土物产等信息。其中对祝融的描写表明，他在中国古代神话中有着重要的地位。

祝融氏在神农氏时代或更早时期就以善于利用火的技术而著称，为中华先民的火技术发展做出了卓越贡献。到了五帝时代，"祝融"这个名称还被用作官职的称呼。

《山海经·海内经》对祝融的出生有详细的叙述，说他是炎帝之妻赤水之子听沃的孙子，诞生后在南方出现了众多的神话传说。祝融作为南方先民崇拜的主神，被楚人看作祖先，也受到其他民族的崇敬。因此，他的地位甚至被排在三皇之一。据《山海经·海内经》记载，与祝融同时诞生的宿敌共工，是北方的狂暴水神。

根据《吕氏春秋通诠·审分览·勿躬》记载，祝融是一位神祇，原先是帝喾时的火官，后来被尊为火神，命名为祝融。

明修《山海经》（1597 年蒋应镐版）中关于祝融的插图

在道教传说中，燧人氏发明了钻木取火的方法，但无法妥善保存和使用火种。后来，祝融发明了更为有效地使用火和保存火种的方法。由于他的贡献，黄帝封他为主管火的"火官"。由于祝融对南方地区的了解较为深刻，黄帝派遣他到衡山担任司徒之职。祝融因此成为衡山的山神，该山最高峰被称为祝融峰，山巅矗立着祝融殿。当黄帝乘龙而去鼎湖时，祝融则化身为赤龙紧随其后，在交趾显圣，统筹水火，主宰南海水势。

由于祝融教导人类使用火，人们对他十分崇敬。然而，水神共工对此感到不满，认为世界的万物都无法离开水，为何人类只崇拜祝融而不崇拜他。

共工因此怀恨在心，集结五湖四海之水冲向昆仑山，将山上的圣火一扫而光，顷刻之间全世界陷入黑暗。得知此事后，祝融愤怒异常，骑上火龙，与共工展开激烈战斗，最终祝融战胜了共工。共工战败后，愤怒之情使他用头撞向不周山，而不周山被视为天柱，一旦天柱断裂，天也随之崩塌，带来灾难，于是发生了女娲补天的神话故事。

普罗米修斯（古希腊语：Προμηθεύς；英语：Prometheus）是古希腊神话中的重要人物，以反抗众神、窃取火种，并为人类带来技术、知识和文明而著称。他是泰坦神族的成员，被赋予深谋远虑和先见之明的先知之名。

在某些版本的神话中，普罗米修斯还被描述为用黏土创造了人类，展现了他在人类起源中的重要作用。他的聪明才智和对人类的关爱使他成为人类艺术和科学的启蒙者。

在普罗米修斯的神话中，他欺骗了众神之王宙斯，在祭祀中巧妙地保留了可食用的肉，并将无价值的部分奉献给众神。愤怒的宙斯因此拒绝将火种赐予凡人。为帮助人类，普罗米修斯决定偷取火种，并将其传授给人类。这使得他惹怒了宙斯，被判处永远受刑，被绑在高加索山脉的岩石上。

在受刑的过程中，一只老鹰，宙斯的象征，每天都会啄食普罗米修斯的肝脏，因为古希腊人认为肝脏是人类情感的所在。普罗米修斯的肝脏每晚都会再生，继续遭受老鹰的啄食。英雄赫拉克勒斯最终用箭射死了老鹰，解救了普罗米修斯。

普罗米修斯的神话在西方文化中成为对人类奋斗、科学探索和突破限制的象征。他的故事在文学、视觉艺术和哲学中广受关注，为人类对自由、智慧和超越的探索提供了丰富的素材。

此外，普罗米修斯的名字也出现在一颗土星的卫星（土卫十六，Prometheus）和第 61 号化学元素钷（61Pm，Promethium）的命名中，进一步表现了他在科学和天文学领域的影响，也警告人们对战争威胁的危险性。

古今中外关于火的神话，都证明了一件事，火对于人类太重要了，它代表了温暖、生存、动力、光明和希望。而太阳无疑是火的一个重要象征。

德国画家富格（Heinrich Friedrich Füger）的画作《普罗米修斯给人类带来了火》（创作时间：1790 年或约 1817 年）

2 地火

地球上的火与热

地球上所有的物体都有温度吗？

物质在你身边，无处不在，物质构成了宇宙中的一切。任何具有质量和体积、占据空间的东西都可以被归为物质。物质存在于不同的物理形式，主要包括固体、液体和气体。这些物质由微小的粒子（如原子、分子和离子）组成，而这些微小的粒子则时刻在运动，不断相互碰撞或振动。这种粒子运动产生了一种能量形式，称为热能，热能存在于所有物质中。

热量是一种能量形式，它是一种由于温度差异而从一个物体传递到另一个物体的能量。当将两个不同温度的物体放在一起时，能量就会从较热的物体转移到较冷的物体，这一过程称为传热。通常情况下，这导致了较冷物体的温度升高和较热物体的温度降低。

物质可以通过吸收热量而不改变温度的方式来改变其物理状态，比如从固体到液体的熔化、从液体到气体的蒸发，或者一些特殊的相变过程。热量和温度之间有一个重要的区别：热量是能量的一种形式，而温度是衡量物体内部能量的量度。

在传热过程中，热量的传递方式包括热辐射、热传导和对流。物体或材料的总能量越多，物体就越热。不过，与其他物理性质（比如质量和长度）不同，热量的测量相对困难，通常是通过观察物体受热时的变化来间接推断温度。

在热力学中，热量是指因温度差所引起的传递的能量。它可通过做功和物质能量转移的机制实现能量传递。传热是一个涉及多个系统的过程，而不是任何一个系统的属性。

在传热过程中，以热形式传递的能量多少是指所传递的能量值，这不包括已完成的任何热力学功和传递的物质中包含的任何能量。简而言之，传热就是所传递的热能量本身。德国科学家玻恩（Max Born, 1882—1970，量子力学奠基人之一，1954 年诺贝尔物理学奖获得者）对于热的定义为：它必须通过不包括物质转移的路径发生。

虽然上面关于热不是直接定义，但在特殊类型的过程中，作为热传递能量的数量可以通过其对相互作用物体状态的影响来衡量。例如，苏格兰物理学家麦克斯韦（James Clerk Maxwell，1831—1979）在《热的理论》一书中描述，传热可以通过融化的冰量或系统周围物体的温度变化来衡量，这种方法称为量热法。时至今日，温度测量温标已经被国际温度系统 -90 文件（简称 ITS-90）规范定义了。该文件定义热的能量传递机制包括：传导，通过物体的直接接触，或通过物质不可渗透的屏障，或分离体之间的辐射；或由于周围环境对目标系统所做的等容机械作用、电磁作用或重力功引起的摩擦，例如由外部系统通过磁力搅拌器驱动或通过感兴趣系统的电流引起的焦耳热。

当两个不同温度的系统间存在合适的路径时，热传递必然自发产生并立即从较热的系统传递到较冷的系统。热传导通过微观粒子（例如原子或分子）的随机运动发生。通过带有外部可测量力的活塞运动来改变系统的体积；或通过外部可测量的电场变化来改变系统的内部电极化状态。传热的定义并不要求过程在任何意义上都是平滑的，例如，一道闪电就可以将热量瞬间传递给身体。

看不见摸得着的热到底是什么？

物理学家研究热量以了解事物在不同温度下的行为方式。热量是能量的一种形式，利用温度可测量物体有多少能量。对热的研究实际上是对构成物体的原子和分子的研究。原子移动得越快，温度就越高，因为它们有更多的能量。

麦克斯韦在《热的理论》一书中写道："事实上，热是可以通过一定的程序产生或被消灭，这说明热不是一种物质。"

热量可以通过多种方式产生。一种方法是燃烧，在这里，燃烧物体的化学物质转变为其他化学物质并在此过程中释放能量；也可以通过摩擦产生热量，比如试着揉搓双手，注意感受它们是如何变热的。在这两种情况下，原子和分子在升温时移动得更多。

粒子在更高的温度下具有更多的能量，当这种能量从一个系统转移到另一个系统时，快速移动的粒子将与慢速移动的粒子发生碰撞。当它们发生碰撞时，较快的粒子会将其部分能量转移给较慢的粒子，并且该过程将持续进行，直到所有粒子之间处于无热量交换的状况，这称为热平衡。

美国以华氏度（°F）为单位测量温度。水在 32°F（0℃）结冰，在 212°F（100℃，海平面）沸腾。大多数国家以摄氏度（℃）为单位测量温度。在摄氏温度下，水在 0℃时结冰并在 100℃时沸腾。在国际单位制（SI）系统中，科学家使用开尔文（K）来作为温度计量单位。

一般而言，将单位质量的物质提升通过特定温度区间所需的能量称为该物质的热容或比热。将物体温度升高 1 K 所需的能量取决于所施加的限制。如果热量被增加到体积恒定的气体中，导致温度升高 1 K 所需的热量少于向自由膨胀的相同气体增加的热量（如在装有可移动活塞的气缸中作功）等工作。

在第一种情况下，所有能量都用于提高气体的温度，但在第二种情况下，能量不仅有助于气体的温度升高，而且还提供气体在气体表面做功所需的能量。因此，物质的比热取决于这些条件。最常确定的比热是定容比热和定压比热。1819 年，法国科学家杜隆（Pierre-Louis Dulong，1785—1838）和珀替（Alexis-Thérèse Petit，1791—1820）证明许多固体元素的热容量与其相对原子量密切相关。杜隆 - 珀替定律在确定原子量时非常有用。但在低温下，由于量子效应逐渐明显，定律不再适用；后来科学家发现这些偏差可以根据量子力学来解释。

热辐射通过真空或透明介质（如玻璃或空气）发生。它是通过受相同定律支配的光子或电磁波的能量转移。

热在物理学中被定义为热能在热力学系统周围明确定义的边界上的传递。热力学自由能是热力学系统可以执行的工作量。焓是一种热力学势，用字母"H"表示，即系统的内能（U）加上压力（p）和体积（V）的乘积之和。焦耳是量化能量、功或热量的单位。

$$H=U+pV \tag{2.1}$$

内能来自于热能——以分子不规则运动为依据（动能、旋转动能、振动能），是化学能和原子核的势能。此外还有偶极子的电磁转换。焓由系统温度的提高而成比例增大，在绝对零度时为零点能量。在这里体积功直接视为对压力（p）引起体系体积（V）变化而形成的功。

热力学和机械传热是用传热系数、热通量与热流动的热力学驱动力之间的比例来计算的。热通量是通过表面的热流的定量矢量表示。

热能（傅立叶定律）、机械动量（流体的牛顿定律）和质量传递（菲克扩散定律）的传输方程是相似的，并且科学家已经开发了这三个传输过程之间的类比以促进预测从任何一个到另一个的转换。

目前在日常使用时，表示热力学过程中传递的热量的常规符号是 Q 或 q。作为能量（被转移）的量，国际单位制（SI）中的热量单位是焦耳（J）。然而，在工程的许多应用领域中，有时还使用英热单位（btu）和卡路里（cal），均为非法定计量单位。热传递率的标准单位是瓦特（W），为焦耳每秒（J/s）。

一个系统释放到其周围环境的热量通常是一个负量（$Q<0$）；当一个系统从其周围吸收热量时，它是正量（$Q>0$）。

传热速率或单位时间的热流量，用 $F=\Delta Q/\Delta t$ 表示，SI 单位是瓦特（W）。这不应该与状态函数的时间导数（也可以用点符号表示）混淆，因为热量不是状态的函数。

热通量，或热流密度，定义为每单位横截面积的热传递率，用 $Q = \Delta F / \Delta A$ 表示，SI 单位是瓦特每平方米（W/m^2）。

为什么烤过的红薯会烫手很久？

在我们的日常生活中，我们熟悉的传热有三种基本方式：对流（烧）、热传导（炖）和热辐射（烤）。通常，这三种方式同时存在。例如，火炉通过对流使上方空气变得温暖，热辐射让人在靠近火焰的地方感到温暖，如果把水壶放在加热的铁板上，那么壶中的水温会逐渐升高直至沸腾。例如，冰块具有热能，一杯柠檬水也具有热能。如果将冰块放入柠檬水中，柠檬水（较热）会将其部分热能传递给冰块。换句话说，它会加热冰。最终，冰会融化，冰中的柠檬水和水的温度将相同。这被称为达到热平衡状态。

1859 年，德国物理学家基尔霍夫（Gustav Robert Kirchhoff, 1824—1887）提出了他的辐射定律，将发射功率与吸收率联系起来了。奥地利人斯特藩（Josef Stefan, 1835—1893）建立了黑体辐射的能量与其温度的四次方之间的关系（现在称为斯特藩 - 玻耳兹曼定律，Stefan-Boltzmann law）。玻耳兹曼（Ludwig Eduard Boltzmann, 1844—1906）于 1884 年建立了这一辐射定律的数学基础。普朗克（Max Karl Ernst Ludwig Planck, 1858—1947）正是在对热辐射的研究中得出了量子的概念。对流传热的理解是在 1880—1920 年发展起来的，最早是由牛顿（Isaac Newton, 1642—1643）在 1701 年提出了一个描述这种过程的方程。

对流是通过气体和液体传递热能的方式。当空气受热时，流体获得热能，从而移动得更快、更远，同时携带热能。暖空气比冷空气密度小，会上升，形成对流循环。在家庭、办公室或商场中，通常是通过对流过程来加热，通过气体或液体传递热能。加热后的空气环绕整个房间形成循环，扩散热量，使我们感到温暖。

热传导则在固体中传递热能，通过移动粒子的方式增加较冷固体中的粒子热能。固体中粒子紧密排列，能够通过传导迅速传播热量。在炉子上烹饪时，我们将冷锅放在热的燃烧器上，热能通过传导从燃烧器传递到锅，再传递到食物。

热辐射是一种不需要粒子携带热能的方式，而是通过红外波传递。高温物体向四面八方辐射热波，以光速传播，直到波撞击其他物体。这些波携带的热能可以被吸收或反射。我们从火中感觉到的热量就是热辐射能，利用从火中向各个方向辐射的热波来加热空气，然后被物体吸收。

最后，气体、液体和固体被加热时膨胀，冷却时收缩。在密闭容器中加热气体或液体会增加其压力，可能导致密闭容器破裂。

在 19 世纪早期，科学家们认为所有物体都含有一种叫做"热质"（caloric，一种被认为从热物体流向冷物体的无形流体）的无形流体。在这个定义中，热质被赋予了一些属性，其中一些被证明与自然不一致（例如，它有质量，不能被创造，也不能被破坏）。但它最重要的特点是它能够从热的物体流入冷的物体。

热传导、热对流与热辐射都是同时发生的

英国物理学家汤姆孙（Joseph John Thomson, 1856—1940, 1906年诺贝尔物理学奖获得者，曾担任英国皇家学会主席）和焦耳（James Prescott Joule, 1818—1889）指出这种"热质说"理论是错误的。他们认为，热不是假设的物质，而是分子运动的激烈程度（所谓的动力学理论），热是一种能量。一个很好的例子是我们的手互相摩擦，两只手都变热了，尽管最初它们的温度相同。现在，如果热量的原因是流体，那么它会从能量更多的（更热的）物体流向能量更少的（更冷的）另一个物体。相反地，手被加热是因为运动（摩擦）的动能在称为"摩擦"的过程中已转化为热量。

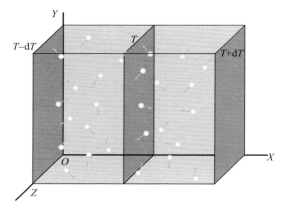

气体分子的热传导示意图

假如我们刚刚冲泡了一杯热茶，水的温度为90℃，而周围环境（台面、厨房的空气等）的温度为23℃。没有人敢冒着可能被烫伤的风险下喝这杯90℃热茶，即使是茶杯也可能因为太热而无法被手直接触摸。但是生活常识告诉我们，这杯茶的温度会随着时间的推移逐渐冷却下来，经过一段时间它就会达到可饮用的温度，它最终会从90℃冷却到室温。那么随着时间的推移，是发生了什么使茶冷却下来呢？这个问题的答案在本质上既可以是宏观的，也可以是微观的。

因为包括热量在内的所有多种形式的能量都可以转换为功，所以能量的量以功为单位表示，其国际单位（SI）为焦耳（J）。此外，还偶或用英尺·磅（lbf·ft）、千瓦时（kW·h）或卡路里（cal）。美国等常用的两个热量单位是卡路里和英热单位（btu）。卡路里（或克·卡路里）是将 1 g 水的温度从 14.5℃升高到 15.5℃所需的能量，简称卡；btu 是将一磅水的温度从 63°F 提高到 64°F 所需的能量。一个 btu 大约是 252 cal。这两个定义都规定温度变化是在一个大气压的恒定压力下测量的，因为所涉及的能量部分取决于压力。用于测量食物能量含量的卡路里是大卡路里（kcal，简称大卡）。

辐射热的一个例子是红外（IR）：能量撞击表面时的影响。红外是一种电磁场，能够将能量从源（例如壁炉）传输到目的地（例如房间内的表面）。辐射不需要介入介质，它可以通过真空发生，这就是太阳使地球变暖的原因。

当我们拿到一个刚刚出炉的烤红薯，会发现它会保温很长时间。而有的物体如铝片会很快就冷却下来。这是因为在热力学中，物质的比热容（specific heat capacity，符号 c_p）是物质样品的热容除以样品的质量，有时也称为质量热容。非正式地，它是必须添加到一单位质量的物质中以使温度增加一单位的热量。比热容的 SI 单位是 J/（kg·K）。例如，将 1 kg 水的温度升高 1 K 所需的热量为 4184 J，因此水的比热容为 4184 J/（kg·K）。比热容是物质的一种强度特性，一种不依赖于物质的大小或形状的固有特性。

比热容通常随温度而变化，并且对于每种物质状态都不同。液态水是常见物质中比热容最高的物质之一，在 20℃ 时约为 4184 J/（kg·K）；但在 0℃以下的冰，仅为 2093 J/（kg·K）。铝、铁、花岗岩和氢气的比热容分别约为 903 J/（kg·K）、449 J/（kg·K）、790 J/（kg·K）和 14300 J/（kg·K）。红薯里含水比较多，水的比热容是铝的 4.63 倍，因此烤红薯能够保温更长时间。虽然物质可以经历相变，例如熔化或沸腾，但其比热容在理论上是无限的，因为热量会改变其状态而不是提高其温度。

一种物质，尤其是气体，当它被允许在加热时膨胀（恒定压强）可能比在防止膨胀的密闭容器中（恒定体积）加热时比热容高得多。这两个值通常分别用 c_p 和 c_V 表示；它们的商 $\gamma=c_p/c_V$ 就是热容比。

术语比热也可以指物质在给定温度下的比热容与参考物质在参考温度下的比热容之比，例如 15℃ 的水，类似比重（specific gravity）的表达方法，比热容还与其他分母的热容的其他密集测量有关。如果物质的量以摩尔数来衡量，则得到的是摩尔热容，其 SI 单位是 J/（mol·K）。如果将该量换为样品的体积（有时在工程中会这样做），则可以得到体积热容（volumetric heat capacity），其 SI 单位是 J/（m^3·K）。

18 世纪的医生兼格拉斯哥大学医学教授约瑟夫·布莱克（Joseph Black，1728—1799）是最早使用这一概念的科学家之一。他使用热容量（capacity for heat）一词测量了许多物质的比热容。

物质的比热容，通常用 c 或 s 表示，是物质样品的热容 C 除以样品的质量。

$$c= \frac{c}{M} = \frac{1}{M} \cdot \frac{\mathrm{d}Q}{\mathrm{d}T} \tag{2.2}$$

其中，$\mathrm{d}Q$ 表示将样品温度均匀升高一个小增量 $\mathrm{d}T$ 所需的热量。

就像物体的热容一样，物质的比热容可能会有所不同，有时甚至会很大，这取决于样品的起始温度 T 和施加在其上的压力 p。因此，它应该被认为是这两个变量的函数 $c(p, T)$。

如果物质发生不可逆的化学变化，或者在测量所跨越的温度范围内的急剧温度下发生相变（例如熔化或沸腾），则比热容失去了意义。

建筑、土木工程、化学工程和其他技术学科的专业人员，尤其是在美国，通常使用英制工程单位（imperial engineering units），包括英制磅作为质量单位，华氏度或兰金作为温度增量单位，以英热单位（btu≈1055.06 J）作为热量单位。在这些情况下，比热容的单位是 lbtu/（℉·b）=4177.6 J/（kg·K）。

btu 最初的定义是水的平均比热容为 1 btu/（℉·lb）。

在化学中，热量也以卡路里来衡量，表示为 cal。令人困惑的是，具有该名称的有两个：小卡路里（或克·卡路里，卡路里）是 4.184 J。它最初被定义为液态水的比热容为 1 cal/（g·℃）。大卡路里（也称千卡或千克·卡路里或食物卡路里；千卡）是 1000 小卡路里，即 4184 J。它最初被定义为水的比热容为 1 cal/（kg·℃）。

虽然这些单位仍在某些情况下使用（例如营养中的千克·卡路里），但它们现在在技术和科学领域已被弃用。当用这些单位测量热量时，比热容的单位通常是 1 cal/（g·℃）小卡路里 =1 kcal/（kg·℃）；大卡路里 =4184 J/（kg·K）。

如何测量一根头发丝的温度？

宾夕法尼亚州立大学的研究人员在《美国国家科学院院刊》（*PNAS*）2023 年第 120 卷第 24 期中发表的一篇研究论文中深入分析了人类头发的质地如何在体温调节方面发挥作用。人类的演化起源于赤道非洲，该地区阳光终年直射头部，导致头皮承受更多的太阳辐射。在人类大脑早期的进化过程中，头发质地可能扮演了关键角色，特别是在炎热干旱的环境中。

研究人员认为，头发质地的演化可能是对在高温和低湿的环境中面临的体温调节挑战的一种适应。对于采用直立行走方式和身体无毛的人类来说，头皮毛发的发育可能成为一种必要，以最大程度地减少由太阳辐射产生的热量，尤其是对于大脑较大的古代人类。

研究团队通过热模型和人造假发的实验验证了这一体温调节的假设。研究结果证实了头皮毛发的存在可以有效减少由太阳辐射产生的热量，并且揭示了毛发形态对这一过程的影响。研究显示，紧密卷曲的头发可以最为有效地保护头皮免受太阳辐射的影响，同时以出汗最小化来抵消体内热量的需求。这项研究为理解人类头发演化的生态学和生理学适应性提供了重要线索。

人类大脑之所以能够在高温和低湿的环境中发育得较大，可能正是为了适应这些条件。这是因为较大的大脑对热敏感，同时会产生大量热量。然而，人体过多的热量损失可能导致危险后果，例如中暑。因此，卷曲的头发可能是一种适应方式，通过被动热调节来维持体温平衡。头发质地可能会受到湿度等环境条件的轻微影响，但不太可能发生急剧变化。直发不太可能突然变成紧密卷发，反之亦然。然而，头发的质地可能会因纤维相互作用和发丝质量的变化而发生微小的改变，这又取决于它们的含水量。

在日常生活中，我们通常可以轻松测量较大物体的温度，比如人体体温或一壶水的温度。但是，要想知道微小物体，比如头发丝或薄膜的温度，却并非易事。由于微小物体的热容量很小且容易受外界影响，采用传统的接触式测量方法很难获得准确的温度信息。以测量头发丝温度为例，如果使用体温计，或者测量非常薄的薄膜温度，如报纸上一个字的笔画温度，由于被测量物体相比测量仪器小得多，因此常规测量方法行不通。如果用标准的 1 mm 长的热电偶测量 10 nm 厚的催化薄膜的温度，相当于用坐落在上海陆家嘴的中国第一高楼"上海中心"（高度 632 m）去测量只有咖啡杯高度（6 cm）的物体的温度。所以，要实现这样一类测量，科学家只能另辟蹊径，这就是红外测量。

在物理学领域，"光"这个词更广泛地用于描述任何波长的电磁辐射，无论它是否可见。因此，γ 射线、X 射线、微波和无线电波也属于光的范畴。光的主要特性包括强度、传播方向、频率或波长光谱以及偏振性。光在真空中的传播速度为 299 792 458 米每秒，是自然界的基本常数之一。与所有电磁辐射类型一样，可见光通过一种称为光子（静止质量为零）的基本粒子传播。光子是电磁场的能量量子，既可以作为波也可以作为粒子进行分析。光学研究，即光的研究，是现代物理学中的一个关键领域。

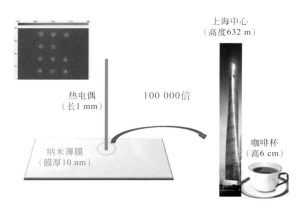

微小物体温度测量的挑战（左上角图为红外显微镜拍摄的催化薄膜点阵燃烧图形）

可见光是人眼感知的电磁光谱部分内的电磁辐射。可见光通常被定义为波长在 400～760 nm 范围内，对应于 750～395 THz 的频率，介于红外线（波长较长）和紫外线（波长较短）之间。

在自然界中，除了人眼可见的光（通常称为可见光），还存在紫外光和红外光。所有温度高于绝对零度的物体都会因其分子的运动而辐射出红外线。

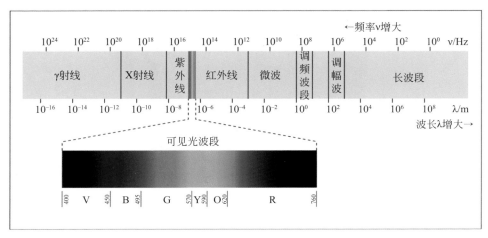

电磁波谱（放大部分为可见光谱）

31

由于不同动物的眼睛对光的感应不同，它们看到的世界与人类看到的有很大区别。例如，蚊子的眼睛可以"看到"红外光，因此即使在关灯后，它们仍能感知我们的存在。红外光是自然界中广泛存在的光，只要物体具有温度，无论高低，都会发出红外光。即使是像"干冰"这样寒冷的物质，也会发出微弱的红外光。

天文学家利用红外望远镜将热辐射转换为可见光，从而观察天体的运动，这一原理同样被广泛应用于军事望远镜。若将红外望远镜比作将远处的物体"拉"到人眼前，即缩小远处的大物体，那么红外显微热成像仪则是将微小物体放大在人眼前，并测量其温度。通过红外显微热成像仪，我们能够非接触的准确测量微小物体的温度，观察到非常微小的区域的温度差异，从而引领我们深入一个未知的领域。

作者课题组自行研制的红外显微镜

尽管人眼无法直接看到红外光，但我们能够制造出能够"看到"红外光的仪器。如果你曾使用过自动门，你可能注意到当有人接近门口时，门就会自动打开。那么，门是如何知道有人靠近的呢？事实上，我们在门的上方安装了一个能够"看见"人体发出红外光的"眼睛"，这个"眼睛"只能清晰地看到离得足够近的人发出的红外光。因此，当你走近门口时，它才"看"得清楚，并通知控制系统把门打开，以让人通过（这是目前大多数自动门的工作原理）。

我们的红外显微热成像仪也具备一个类似的"眼睛"，它能够看见红外光并感知其强度。此外，我们还在仪器的"眼睛"上安装了红外显微镜头，使其能够观察到更微小的物体。

目前，笔者的课题组已成功研制出了具有 3 倍、5 倍、10 倍和 15 倍放大倍数的红外显微镜头。这些特殊的镜片并非普通的玻璃放大镜，而是采用了能够透过红外线的锗镜片。锗镜片的独特之处在于，它们不能透过可见光，也就是说，对于人眼而言，这些镜片看起来都是黑乎乎的。然而，它们却能够透过红外线。正是利用了锗镜片的这个特性，我们成功制造了能够感知温度的红外显微热成像仪。

红外显微热成像仪的"眼睛"捕捉到的信息通过电信号传递至"大脑"——计算机，随后"大脑"对这些信息进行处理，并通过显示器将加工后的信息呈现出来。首要任务是将红外光图像转换为"可见光"图像，包括黑白图和伪彩色图像，同时根据"眼睛"感测到的红外光强度进行温度标定。这样，人眼就能够在显示器上直观地观察物体的温度分布，了解其高低差异。例如，糖尿病患者身体局部表皮温度可能高于平均体温，借助红外显微热成像仪，医生能够在早期准确判断患者的病症，以便及时治疗。

红外显微热成像仪在半导体无损检测、显微热成像分析、医疗诊断、公共安全等领域都有着广泛的市场需求。纳微能源研究所的团队攻克难关，打破了国外长期对该领域产品的技术垄断，成功研发了我国首台红外显微热成像仪。该产品不仅具备数据系统保存、时间温度曲线记录、最高温度鼠标跟踪、

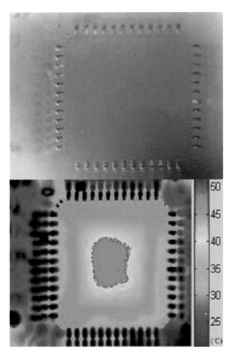

U 盘内存芯片的可见光图片　　　　　　　红外显微热图片

温度变化记录、三维温度图像成像等功能，还首创自校准功能，各项性能达到或超越了国际先进水平。

通过观察一个指甲大小的芯片在 5 倍放大下的红外成像伪彩图，我们可以了解芯片引出脚（宽度大约 0.2 mm 大小）这一微小区域的温度。在这个基础上，"大脑"还能进行一系列其他信息处理，例如自动跟踪最高温度、显示三维温度分布图、制作多点的时间—温度曲线图，以及对物体温度变化前后进行差值处理等。

红外显微热成像仪在医疗诊断和治疗中有广泛应用。仔细观察手指表皮的可见光及红外热成像的对比，你会发现红外显微镜成像图不仅包含了指纹纹路信息，手指表面还出现了许多小黑点。这些点既不是灰尘也不是细菌，

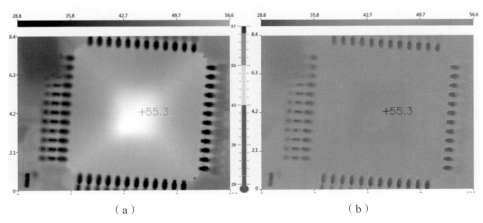

在作者团队研发的红外显微镜下，通电状态下的 U 盘中集成电路：（a）红外显微照片；（b）加伪彩色后的显微照片

而是我们皮肤上普遍存在的汗腺。红外显微热成像仪之所以能够识别出它们，是因为当汗腺排出汗液时，会带走汗腺附近的部分热量，因此汗腺附近的温度相比手指其他部位更低。

手指头可见光照片

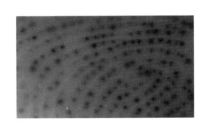
红外显微照片（黑点为汗腺）

红外显微镜还可应用于测试芯片的焊接质量、检测护照和文件的真伪，甚至在医学领域用于改变癌症的治疗方式。测量温度（例如测量我们的体温）是一件我们平常大家都能够做的简单工作，测量微小物体或薄膜的温度可就难了，而用体温计去测一根头发丝就不行。当仪器比被测的物体大多了，目前的测试方法就不适用了。试想，如果一根头发丝比温度计大 100 倍，是不

是就不可以用常规方法测试其温度了。要测极小物体的温度，测试原理、方法和我们所熟悉的完全不同，必须研发新的设备。

测一根头发丝的温度有什么用？常识告诉我们，火是烫手的，燃烧的温度在几百摄氏度到几千摄氏度不等，但热力学定律告诉我们，温度越高，热损失越严重，路上行驶的汽车所消耗的汽油，只有约不到20%真正用在了让轮子转动上。如果让燃烧区域缩小到纳米尺度，宏观尺度保持在室温，这样的燃烧即使放在手上也不要紧。因为在这个尺度下，手掌就像一座巨大的体育场，而发生燃烧的区域只有体育场中的一个乒乓球大小。

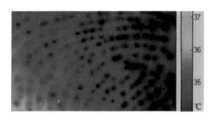

通过温度标定的红外显微伪彩色照片

微观尺度的燃烧可以极大地提高热能利用率，但研发过程中科学家们必须知道，点燃和维持这颗"乒乓球"需要多少温度，这时就亟须一台能够测试极小物体温度的仪器。

一块芯片的焊点仅有几十微米，在封装后需要检测芯片是否虚焊，从外表很难判断；如果用红外显微镜观察芯片工作状态，只要看哪里温度"超标"就可以迅速地判断接触不良的位置。

目前，癌症患者往往需要进行放疗与化疗，这些治疗有一定的作用，同时对好的细胞也有强大的杀伤作用。研究人员现在可以将光热药物注射到患者的癌症病灶部位，用激光定点照射药物部位就能引起局部温度快速升高，当温度升到42～50℃即能杀死癌细胞，同时保留好的细胞。

3 生火

整个人类文明都建立在对火的认知上

地球生命的起源

地球是宇宙中唯一已知存在生命的地方，而来自地球的化石证据为自然发生研究提供了丰富的信息。地球形成于45.4亿年前，最早的无可争议的生命证据可以追溯到35亿年前。化石微生物的存在表明在38亿~42亿年前，地球上可能已经有了生命。

生命是复杂的生物化学反应组合，是熵值比周围环境低的系统，通过能量消耗来维持信息传递。基本的生命形式是细胞，由遗传系统核酸和活性蛋白质组成，同时具有生物膜系统。元素如氢、碳、氧和氮，构成生命的基本组成部分，可以追溯到宇宙大爆发之初，有着数十亿年的历史。

地球早期的大气环境与现今有很大不同，充满了还原性气体，如氨气、氢气，以及水、一氧化碳、二氧化碳和氮气。这为早期生命的有机分子积累和保存提供了条件。地球上经历了频繁的雷电和宇宙射线，这些是原始地球化学进化中的重要能源，甚至可能有助于形成生命所需的磷。

另外，频繁的雷电、宇宙射线是原始地球化学进化中的重要能源。雷击可能产生大量的闪电熔岩——玻璃状的熔砂、土壤或岩石，其中含有宝贵的陨磷铁矿。40多亿年前疯狂的闪电袭击可能有助于创造地球生命诞生所需的磷。2021年，美国耶鲁大学和英国利兹大学的科学家发表的研究论文认为，地球上的生命可能是数十亿年前雷击的结果。

原始海洋的形成为生命的诞生提供了环境，但海洋中有机化合物的溶液相对稀薄，使得有机分子难以进行有效的化学反应。因此，科学家对生命起源的小环境也进行了深入研究。关于生命起源的地点存在争议，一方面认为可能发生在深海热液喷口，另一方面认为可能发生在火山岛上的淡水中。

当地球告别大规模天体物的撞击，积蓄在地球内部的热量仍在通过火山不断喷涌而出，形成原始大气，而大气中的水分子在地表温度降低到100℃以下时，巨厚云层中的水分子倾泻而下，形成了几乎覆盖地球的海洋。

　　原始海洋的形成孕育了生命，然而海洋是如此辽阔浩瀚，形成生命所需的有机化合物溶液非常稀薄，显然有机分子难以进行有效的化学反应。因此，还需要从小环境上深入探究生命的诞生。从小环境看，生命究竟是诞生于海洋深海黑烟囱壳壁上，还是陆地火山温泉的暖水池里？至今还存在争议。

　　1952年的经典米勒-尤里实验表明，大多数氨基酸（蛋白质的化学成分）可以通过旨在复制早期地球的条件下由无机化合物合成。外部能源可能引发了这些反应，包括闪电、辐射、微陨石进入大气层以及海浪中气泡的内爆。其他方法（如"代谢优先"假设）侧重于了解早期地球化学系统中的催化作用如何提供自我复制所必需的前体分子。

　　20世纪70年代末，美国的"阿尔文号"潜水器潜入东太平洋加拉帕戈斯群岛附近深海的2610～1650 m处调查"海底热液"，发现了令人难以想象的冒着黑烟的黑烟囱，以及周围的各种热液生物群落——"深海绿洲"。这些黑烟囱具有高温、高压和丰富的还原性物质等特点，并存在着明显的化学浓度和水温变化梯度。热液口具有最大的温度、pH（酸碱性）和EH（氧化性和还原性电极电位梯度）。因此，深海热液喷口的微生物生存环境与地球早期的环境非常相似。科学家在热液口发现的嗜超高温微生物被认为是进化树的根基微生物。因此，科学家们提出了生命可能起源于热液环境的假说，但是无法在实验室中模拟深海黑烟囱的情况。

　　科学家通过对澳大利亚西部和格陵兰岛等地的岩石中发现的化石进行分析，推测生命的起源不晚于35亿年前。地球在形成早期可能经历了多次小行星等天体的撞击，而最大的一次可能释放出了巨大能量，导致任何已存在的原始生命灭绝。因此，生命可能在38亿年前的大撞击结束后才得以幸存。

　　地球上的生命起源是一个复杂而多层次的过程，涉及地球早期环境的多个方面，包括大气成分、气候条件、化学反应和小环境的影响。科学家通过实验和对地球及其他天体化石的研究，不断深化对生命起源的理解。

生命起源的时间是通过最古老的生物化石、太阳系和地球形成时间以及地球化学等多方面的资料推测而来。科学家通过分析澳大利亚西部约 40 亿年前的锆石矿物发现，当时的温度异常低，远低于熔岩温度，这表明存在海洋形式的液态水。

迄今为止，地球上发现的最古老且较可靠的化石来自澳大利亚西部约 35 亿年前的岩石，这些化石是类似现代细菌的微小生物化石，属于单细胞原核生物。这表明生命的诞生不会晚于 35 亿年前。科学家还在格陵兰岛 37 亿年前的岩石中发现了一种穹隆状结构，高 2～4 cm，被认为是生物参与形成的沉积物（叠层石）。近年来，在加拿大北部古老的地盾上，科学家甚至发现了直径约 20 μm 的赤铁矿化丝状管体，疑似铁细菌的化石，其年代介于 42.8 亿～37.7 亿年。

地球早期曾受到小行星等天体的撞击，巨大的月球环形山就是这些撞击留下的痕迹。由于地球比月球大得多，它可能经历了更多的撞击事件。最大的撞击可能会释放出巨大能量，导致任何已存在的原始生命灭绝。有人认为，生命可能曾多次起源，但都被剧烈的撞击摧毁，直到 38 亿年前大撞击结束后才幸存下来。因此，生命可能起源于 42 亿～38 亿年前的某个时期。

美国国家航空与航天局（NASA）2015 年的天体生物学战略旨在解决生命起源之谜——功能齐全的生命系统如何从非生命成分中产生——通过研究太空和行星上生命化学物质的生命起源前起源，以及作为早期生物分子催化反应和支持遗传的功能。

达尔文（Charles R.Darwin, 1809—1882）在其著作《物种起源》提出进化论，其中有一个假定：地球上的一切生物，从细菌到人类，从圆叶风铃草到蓝鲸——都被认为是单个实体的后代，这种实体是一种在 40 亿～30 亿年前的原生物中到处飘浮的原始细胞，我们称它为"最后的共同祖先"（last universal common ancestor，LUCA）。生命由具有（可遗传）变异的繁殖组成。NASA 将生命定义为"一种能够进行达尔文式（即生物）进化的自我维持的化学系统"。这样的系统很复杂；最后的共同祖先（LUCA），生活在大约 40 亿年前的单细胞生物，已经有数百个基因编码在今天普遍存在的 DNA 遗传密码中。这反过来又意味着一套细胞机制，包括信使 RNA、转移 RNA 和核糖体，以将密码翻译成蛋白质。这些蛋白质包括通过 Wood-Ljungdahl 代谢途径进行无氧呼吸的酶，以及复制其遗传物质的 DNA 聚合酶。

　　天体生物学（astrobiology）旧称外空生物学（xenobiology），是一门研究宇宙中生命起源、生物演化、分布和未来发展的交叉学科，并不只限于地外生物，或包括对地球生物的研究。

　　天体生物学综合天文学、物理学、化学、生物学、分子生物学、生态学、行星科学、地理学与地质学多个领域，焦点研究在探讨生命的起源、散布和演进，探讨在其他世界是否可能有生命存在，帮助辨识与地球生物圈环境不同的其他生物圈。它的英文 astrobiology 来自希腊语的 αστρον（astron= 天文），βιος（bios= 生命），以及 λογος（logos= 词或科学）。一些天体生物学的研究课题包括：

什么是生命？

　　生命是一种复杂的、有组织的物质系统，具有生长、发育、能源获取、自我维持、适应环境的能力，同时表现出对刺激的响应和对遗传信息的传递。生命的基本特征包括细胞结构、遗传物质（如 DNA 或 RNA）、新陈代谢活动、能够感知和响应环境的能力。

生命怎样在地球诞生？

　　生命在地球的起源是一个科学问题中的难题之一。目前的主要理论之一是原核生物学说，即生命起源于早期的地球环境中的原核生物。这些生物是简单的、单细胞的微生物，不依赖于氧气，可能是在水中的地热喷口附近形成的。其他理论涉及在流星体或彗星上的有机物质，通过陨石或其他物质的撞击带到地球。

生命能忍受怎样的环境？

生命体对环境的适应范围非常广泛，从极端的高温、高压、酸性、碱性、辐射等极端环境到极端的低温、低氧、高盐浓度等，都有一些生物能够适应和生存。一些极端嗜好的生命形式被称为"极端嗜好生物"（extremophiles）。

我们怎样才能确定生命是否在其他星球上存在？能找到复杂生命体的机会有多大？

寻找生命的迹象是天文学、行星学和生物学等领域的热门话题。主要的搜索策略包括寻找其他星球上的生命迹象，如大气中的生物标志物或异常的化学组合。目前，科学家主要的关注点是太阳系内的火星和冰月（尤其是木卫六、土卫二）以及系外行星，特别是那些处于宜居区域的系外行星。未来的太空探测任务和天文观测将进一步提高我们对生命存在可能性的认识。

在其他星球上，构成生命的基本物质会是什么？（是否基于 DNA 或碳？生理学？）

这是一个开放的问题，因为我们只知道地球上的生命是基于碳的有机生物化学体系。关于其他星球上可能的生命构成，存在多种假设，包括基于硅的生命，甚至可能基于液体甲烷或其他物质的生命。脱氧核糖核酸（DNA）或核糖核酸（RNA）可能是地球上生命的基本遗传物质，但其他行星上的生命形式是否遵循相同的模式，我们还需要通过进一步的研究和探索来确定。

在科幻小说中，也可以发现外空生物学和宇宙生物学的术语，虽然这些术语通常是指推测性的外星生命的生物学。在生物学中，自然发生（来

自 a-"not" + 希腊语 bios "life" + genesis "origin"）或生命起源是生命从非
生命物质（例如简单的有机化合物）中产生的自然过程。目前广泛接受的
假设是，地球上从非生物到生物的过渡不是一个单一的事件，而是一个逐
渐复杂化的进化过程。这个过程涉及宜居星球的形成、有机分子的前生物
合成、可自我复制、自组装、自催化的分子，以及细胞膜的出现。对于这
一过程的不同阶段，存在许多理论。

对生物起源的研究旨在确定前生命化学反应在与今日环境迥异的条件下
如何产生生命。其主要以生物学和化学理论为工具，近期的研究试图综合多
个学科来探讨这个问题。生命活动主要依赖于碳和水的特殊化学反应，主要
建立在三类关键的化学物质家族之上：用于构建细胞膜的脂质、糖类等碳水化
合物；用于蛋白质代谢的氨基酸；用于遗传机制的核酸，包括 DNA 和 RNA。
许多研究生物起源的方法都致力于研究自我复制的分子或其组成部分是如何
产生的。研究人员普遍认为，目前的生命起源于 RNA 世界，尽管在 RNA 诞
生之前，地球可能已经存在其他可以自我复制的分子。

迄今为止，地球仍是宇宙中唯一已知孕育生命的地方。地球上的化石证据
为大多数关于生命起源的研究提供了参考。地球大约形成于 45.4 亿年前；地球
上最早的无可争议的生命证据至少可以追溯到 35 亿年前。在加拿大魁北克努夫
亚吉图克绿岩带的海底热泉沉淀物中发现的化石化微生物是地球上最古老的生
命形式的推定证据。这些微生物似乎在 37.7 亿～42.8 亿年前生活在热液喷口。

海洋可能在地球形成后 2 亿年内就出现了，可能处于接近沸腾（100℃）
的还原环境，pH 从 5.8 附近迅速上升到中性。这一设想可从来自澳大利亚西
部纳尔耶尔（Narryer）片麻岩地体的变质石英岩中形成于 44.04 亿年前的锆
石结晶得到旁证。火山活动可能有过显著增加，但在 44 亿～43 亿年前，地球
可能是一个水世界，几乎没有陆壳，水圈受到来自金牛 T 星阶段的太阳的紫

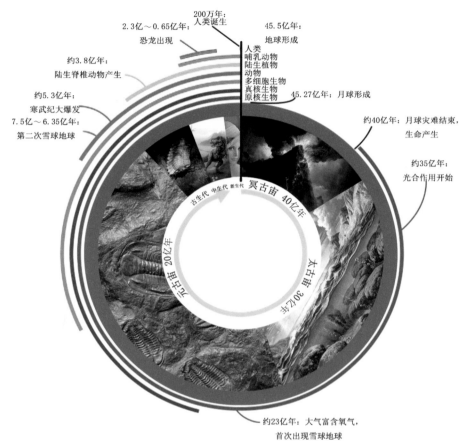

地质学时间及地球历史事件对应表。冥古宙 40.78 亿年前部分为无生命时期，其余部分体现了生命的演进。最后 200 万年的第四纪为人类时间，在图中太短而看不到

外线、宇宙线辐射和持续的小行星和彗星撞击。

　　生命在地球上已经绵延了超过 35 亿年，至少在始太古代，地壳已经基本彻底凝固时就已经存在了。迄今为止发现的最早的生命证据是加拿大魁北克努夫亚吉图克绿岩带的微生物化石，分散在年代介于 37.7 亿～42.8 亿年前由

海底热泉沉淀物形成的条状铁层中，这距离 44 亿年前海洋形成并不久。这些微生物与现代的热液喷口细菌相似，说明生命可以在这种环境中生存，自然也可能在这里产生。

在地球漫长的进化过程中，经历过许许多多灾难性的事件，对地球上的生命体系产生了巨大的影响。《自然地球科学》在 2023 年 10 月 30 日刊出的最新研究指出，6600 万年前，1 颗直径为 10 km 的小行星以极高的速度，撞击现在墨西哥尤加丹半岛附近的浅海，撞击过程中不仅释放出硫磺，还留下直径 180 km 的希克苏鲁伯（Chicxulub）陨石坑。研究发现，这些微细粉尘（直径 0.8 ~ 8 μm）阻挡了阳光长达 15 年，使得全球气温下降多达 15℃，导致陆地植物有近 2 年的时间无法进行光合作用，进而造成地球上包括恐龙在内 75% 的物种灭绝。希克苏鲁伯撞击代表了地球历史上的一个关键时刻，对地质学、古生物学和行星科学领域产生了深远的影响。它强调了天体事件与地球生命的相互联系，也提醒人们太空物体撞击的潜在后果。

人体是线粒体驱动的热机

与大多数哺乳动物一样，人类是恒温动物，体温相对稳定。然而，并非身体各部分的体温都相同。体温调节能力是恒温动物在漫长的进化过程中为适应不同的生存环境逐渐获得的高级调节功能。人体表层的温度称为体表温度，而人体内部的温度则称为体内温度。不同部位的体表温度可随周边环境温度、身体运动状态和着装情况的不同而变化。体温调节（thermoregulation）是指温度感受器接收体内、外部环境温度或受到食物、饮水、饮酒等的刺激，通过体温调节中枢系统的活动，引起相应的皮肤、血管、呼吸、分泌腺、骨骼肌和汗腺等组织器官活动的变化，从而调整身体热量的产生与散发过程，以使体温保持在相对恒定的水平机制。

1835 年，法国科学家贝克勒尔（Antoine César Becquerel，1788—1878）和布雷施塞特（Gilbert Breschset）确定了人体平均"正常"体温为 37℃。然而，直到德国内科医生温德利希（Carl Wunderlich）在 1868 年在医学期刊《疾病》（*Krankheiten*）上发表了他的重要著作《疾病的体温变化过程：医学测温手册》（*Das Verhalten der Eigenwärme*），温度计在临床实践中的应用才得到广泛认可。这标志着临床体温测量在医学界和公众中的复杂性和重要性逐渐显现。从 1851 年开始，温德利希收集了 25 000 名病人的腋下体温数据，并在数据整理后发现，人体的正常体温大致为 37℃，因此 37℃ 首次被确定为人类的正常体温，并在接下来的近 200 年里逐渐成为我们生活中最广为人知的常识。在该论文中，他强调以 37℃ 作为人体参考温度具有特殊的重要性；论文还描述了体温的昼夜变化规律，并确立了"正常"体温范围的概念。

低等脊椎动物，如无脊椎动物、两栖动物、爬行动物和鱼类等，其体温随着周围环境的温度而变化，无法保持相对恒定，因此被称为变温动物，俗称冷血动物。它们对环境温度变化的适应性较差。在寒冷的季节，它们的体温下降，导致维持生命活动的酶活性显著降低，各种生理活动也降至较低水平。而高等脊椎动物，如鸟类和哺乳动物，逐渐演化出体温调节功能，能够在不同温度的环境中保持相对恒定的体温，因此被称为恒温动物，俗称温血动物。还有一些哺乳动物，如刺猬，介于上述两种动物之间。在温暖的季节，它们的体温保持相对恒定；而在寒冷的季节，它们的体温下降，进入冬眠。有趣的是，在哺乳动物中，生活在澳大利亚的鸭嘴兽，其体温在 32℃（90°F）左右，虽然体温较低，但仍属于温血动物。鸭嘴兽是卵生的，是一种相对原始的哺乳动物。鸭嘴兽约在 1.66 亿年前从我们的上一个共同祖先分化而来，与其他哺乳动物相比，它们有 80% 的相同基因编码，而且鸭嘴兽有 5 对性染色体。绝大多数哺乳动物，包括人类，只有 1 对 XY 染色体，而鸭嘴兽却有 5 对，这 5 对染色体共同决定了它的性别。理论上，有这么多性染色体，鸭嘴兽可能会有 25 种性别，但事实上，它们只有两种，10 个 X 是雌性，5 个 X 和 5 个 Y 是雄性。

此外，袋鼠也很特殊，红大袋鼠的体温在 33～38.8℃。马来熊的体温在 36～40℃。大猩猩的体温在 35～39℃。它们是胎生的，但没有胎盘。新生儿在育儿袋中长大。这些原始动物主要分布在澳大利亚。

体温是指身体的温度，通常是指身体深层的温度。人体的体温调节是一个自动控制系统，其最终目标是维持体内核心器官的温度，这些核心器官包括心脏、肺、肾、肝和脑。由于内外环境不断变化，很多因素可能影响深层温度的稳定性。此时，干扰信息通过反馈系统传递给体温调节中枢。体温调节中枢整合各种信息后，调控受控系统的活动。换言之，机体通过由中枢神经系统触发的体温调节来维持体温在正常范围内。温度的稳定性（称为体内核心体温）反映了身体加热或冷却的能力。人体温度受性别、年龄、昼夜节律、运动程度、健康状况（如疾病和月经）、测量的身体部位、意识状态（清醒、睡眠、镇静）和情绪等多种因素的影响。

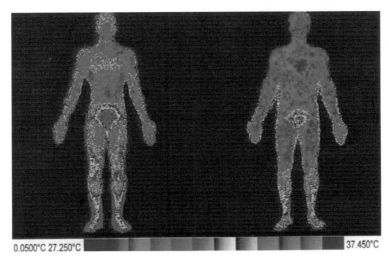

0.0500℃ 27.250℃   37.450℃

人体温度分布

　　身体能够通过三个过程来降温：对流、辐射和排汗。通风可以增强这些所有过程。虽然你也可以通过传导来冷却你的身体，比如一些汽车座椅现在配备了冷却元件，但这通常不适用于家庭环境。

　　虽然每个人的体温不一定刚好37℃，但你的"正常体温"仍然非常接近这个平均值。人类生活在一个非常狭窄的生存区。这个严格控制的生理变量与平均值的显著偏差将会危及生命。

　　恒温动物的体温调节机制类似恒温器的工作原理。恒温动物体温调节中枢位于下丘脑，下丘脑中存在确定的体温调定点的数值（如37℃）。如果体温偏离这个值，则通过反馈系统将信息送回下丘脑体温调节中枢。下丘脑体温调节中枢整合来自外周和体核的温度感受器的信息，将这些信息与调定点比较，相应地调节散热或代谢产热，以维持体温的恒定。在安静时，人体主要通过内脏、肌肉、脑等组织的代谢过程提供热量。人体代谢产热有几个途径，其中最主要的是通过增加肌肉活动。骨骼肌是人体体温调节的主要产热器官。

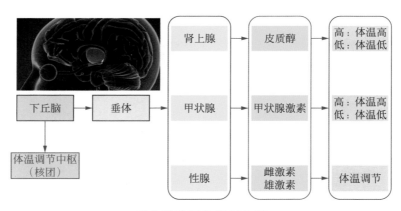

下丘脑监测与控制体温

　　骨骼肌在收缩时释放大量热能，而在寒冷环境中，机体通过颤栗这种骨骼肌的反射活动来应对。颤栗是由寒冷刺激皮肤冷感受器引起的，温度越低，机体颤栗越剧烈，释放更多热能（热量增加数倍），有助于保持体温稳定。在哺乳动物中，所有组织都能产生热量。除了肌肉组织，在低温时，肝脏在激素的刺激下也能释放大量热量；此外，脂肪组织中脂肪代谢的酶系统被激活，导致脂肪分解、氧化，释放热量。

在一般情况下，皮肤中的血管收缩导致皮肤血流量的改变，而皮肤血流量调节皮肤温度，是调节体温的主要机制。皮肤中的血管收缩主要是外部温度变化作用于皮肤温度感受器引起的反射活动。在寒冷环境下，皮肤中的微动脉收缩，皮肤血流量减少，甚至截断血流，皮肤温度下降，散热量减少。在温热作用下，皮肤中的微动脉舒张，血流量大为增加。由于体核温度高于皮肤温度，来自体核的血液使皮肤温度上升，增加辐射、对流、蒸发的散热量。然而，皮肤中的血管收缩与舒张只在一定的温度范围内起作用。

自 19 世纪以来，成年人的平均体温持续下降，每 10 年平均下降 0.03℃，近 200 年下降了 0.4℃，从 37℃降到 36.6℃。科学家认为，这与人类社会正在经历前所未有的变革有关，这种变革反映在每个人的体质上，与近 200 年来的生活方式密切相关。原本人体的 37℃是为了抵御致命真菌和病毒在体内侵染而拥有的较高温度，发热的本质也是为了应对这些威胁。然而，随着医疗卫生和饮食环境的显著改善，人们患上疟疾、肺结核等疾病的概率大大降低，使得发热的机会减少，从而降低了人体温度。

与此同时，我们的生活条件经历了巨大的变革。在过去的严寒季节中，人们面对饥寒交迫、衣食不足的挑战，身体的体温调节系统表现得异常"勤奋"。然而，如今我们通过空调、暖气、电热毯等手段提高环境温度，通过摄入高热量食物来满足能量需求。在炎热的季节，无处不在的空调使人体体温调节中枢对外界温度变得不再敏感，我们的自我调节功能也变得"懒惰"，导致身体的发热能力下降。

为验证现代生活方式对人体温的影响，科学家进行了对仍然过着原始狩猎和生活方式的土著部落的研究。结果显示，过着原始生活方式的人的平均体温普遍高于现代人。科学家还发现，当这些土著受到病毒感染时，自身代谢明显加快，导致体温升高。相比之下，我们现代人由于接触微生物和恶劣天气的机会减少，体内免疫细胞训练的机会也大大减少。依靠早期特效药物和消炎药的使用，人体发热的机会急剧减少，因此人类正常体温呈现普遍下降趋势。

现代人运动不足，基础代谢降低，能量消耗减少，人体基础体温也会下降。生活压力大，人体在高压条件下分泌皮质醇激素，导致肌肉分解、脂肪储存增加，人体代谢能力下降，体温也随之降低。

实际上，在50多年前，人们每天都参与大量体力劳动，包括农田耕种、牧场放牧，即使是城市居民也需要手洗衣服、做饭和打扫。人们更倾向于步行或骑自行车，而现在随着科技的发展，我们有了外卖、驾车，需要人们全身动起来的时间越来越少。

基础代谢与任何外在活动无关，是一个人在休息状态下的自然消耗。肌肉是人体内最大的发热器官，肌肉含量较少意味着较低的体温和较低的基础代谢。而现代人的运动量大幅降低，导致肌肉含量普遍较低。

随着空调的广泛使用，人类长期处于不受温度变化刺激的环境中，使得人体体温调节中枢下丘脑逐渐失去对刺激的反馈，进而使体温调节的需求减少。在这样的环境中，体温降低成为一个整体趋势并出现在人类群体中。

这种全球性、不分地域的人群体温下降现象或许与全球气温升高有一定的关联。根据联合国气候变化大会的报告，自工业化以来，地球表面温度上升了1.25℃，这是全球范围内的普遍现象。

因此，我们提出一个假设：**由于环境温度升高，人体与周围环境的温差减小，人体热量损失减少，因此身体需要产生较少的热量来维持体温，从而导致身体温度降低。**这可能是人体自然适应环境变化的自身反应。然而，验证这个假设并非易事。首先，需要大量跨地区的长期（超过20年）气候变化和人群体温测量的数据。其次，需要考虑到众多其他可能的影响因素，包括居住条件、食物供应、穿衣习惯、卫生条件等。要建立因果关系，需要进行深入的研究。也许在未来几百年里，随着更多更完善、全面的测量与分析手段的发展（如广泛使用能够测量体温的智能手表等穿戴电子产品），我们才能长期持续地收集和分析上亿人口的体温数据，从而得到更准确的评估和令人信服的解释。

不同的基本情绪（愤怒、恐惧、厌恶、快乐、悲伤和惊讶）始终与不同的身体感觉相关联，这可能是主观感受情绪的基础。芬兰坦帕雷大学的贾里·希塔宁（Jari Hietanen）研究小组分析调查了700多名6～17岁儿童和青少年与基本情绪相关的身体感觉的发展。让受访者用颜色笔绘制了与特定情绪相关的身体感觉。他们得出的结论是，与情绪相关的身体感觉在儿童发育过程中变得越来越离散。培养对与情绪相关的身体感觉的意识可能会塑造儿童感知、标记和解释情绪的方式。

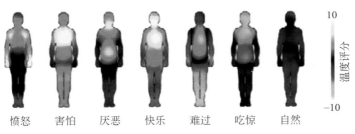

成年人感情引起的温度分布图

感情引起的温度变化可以帮助我们看到情绪和身体自我之间的联系。当我们漫步在公园里与爱人见面时，我们轻轻地走着，我们的心脏兴奋地怦怦直跳；在重要的工作面试之前，焦虑会收紧我们的肌肉，让我们的手出汗和颤抖。一张新的身体图可以准确地告诉我们在哪里感受到不同的情绪——这是了解我们健康的重要一步。

我们经常通过说话的方式将我们的情绪和身体状态联系起来。例如我们说，下周要结婚的年轻新娘可能会突然"手脚冰凉"，失望的恋人可能会"心碎"，而我们最喜欢的摇滚歌曲可能会让我们"热血沸腾"。我们的情绪通过调整心血管、骨骼肌肉、神经内分泌和自主神经系统来帮助我们应对周围环境中的挑战。

我们的感觉是由我们对身体状态的感知触发的。有意识的感觉帮助我们自主调整我们的行为，以更好地应对环境的挑战。从本质上讲，感觉帮助我们生存。

人类生命过程所需的能量主要来自所吃的食物，并通过一系列的新陈代谢储存在人体内，包括磷酸肌酸、糖原、脂肪、氨基酸等。磷酸肌酸主要储存在肌肉细胞中，虽然相对含量很少，但能提供短时间的能量。而糖的储存量较大，并以肌糖原和肝糖原的形式存在，可以在有氧或无氧条件下提供能量，是最有效的能源物质之一。然而，人体储存的糖相对较少，大约只有100 g，因此需要不断地进行能量补充。

身体各器官耗氧率

器官	休息状态	轻度活动	剧烈运动
骨骼肌	0.30	2.05	6.95
腹腔器官	0.25	0.24	0.24
肾脏	0.07	0.06	0.07
大脑	0.20	0.20	0.20
皮肤	0.02	0.06	0.08
心脏	0.11	0.23	0.40
其他	0.05	0.06	0.06
合计	1.00	3.00	8.00

注：全身在休息状态 =1.00，耗氧率实际值约 0.17 mmol/（min · kg）
数据来源：Robert W. McGilvery, Biochemistry, a Functional Approach,1979

卡路里（calorie），简称卡，缩写为 cal，源自英文音译，是热量的非法定计量单位，定义为在 1 个大气压下将 1 g 水升高 1℃所需的热量。卡路里广泛应用于营养计量和健身手册中，而能量的国际单位是焦耳（J）。

关于能量和能量物质，糖、脂肪和蛋白质氧化分解产生的能量，其中一部分在体内转化为高能化合物三磷酸腺苷（ATP），是生物释放、储存和利用能量的介质，也是生物界的直接供能材料。而另一部分能量以热量的形式损失，用于维持体温或通过其他方式损失，比如汗水。现在一些智能手表或传感器可以将身体的热能转化为电能，无需每天取下来充电，使用起来非常方便。

人类进化到今天，在安静状态下，身体主要通过有氧代谢提供能量。但是，由于不同器官和功能的适应，一些组织细胞仍然通过无氧代谢来维持能量供应，例如红细胞。不同器官使用的能量物质略有不同。人脑在正常情况下占基础代谢率的 25%。这种代谢系统几乎完全依赖于葡萄糖的有氧代谢，但在饥饿和缺乏葡萄糖的情况下，它还可以利用脂肪酸代谢产生的酮体作为能量物质。相反地，心脏优先燃烧脂肪酸、乳酸和葡萄糖，甚至可以利用一些氨基酸。

线粒体是细胞内的双膜细胞器，它在细胞内负责能量生产和维持生命活动。它由外膜、内膜和线粒体基质组成。内膜内侧形成了许多折叠的结构，称为克里斯膜，这些结构增加了内膜的表面积，有助于能量生产。线粒体主要负责细胞内的能量生产，通过氧化糖类和脂肪酸，生成细胞内 ATP。这个过程被称为细胞呼吸，包括糖酵解和线粒体呼吸链。线粒体通过线粒体呼吸链中的电子传递过程来生成 ATP。氧气在这个过程中被用作电子受体，它与电子传递链中的蛋白质相互作用，最终产生 ATP。这个过程是维持细胞生存和功能所必需的。

线粒体拥有自己的 DNA，以及自主复制的机制。这意味着线粒体可以独立复制自身，并根据细胞的能量需求来增加其数量。细胞呼吸是线粒体的重要功能，它将有机分子（如葡萄糖）与氧气反应，产生能量和二氧化碳。这个过程在线粒体内进行,它提供了细胞所需的 ATP 能量。线粒体遗传信息是通过母系遗传传递的。这意味着,线粒体 DNA 主要由母亲传给子代,因为只有卵子中的线粒体才能传递给后代。

线粒体功能障碍与一些遗传性疾病和衰老过程有关。线粒体 DNA 的突变和线粒体功能障碍可能导致一系列疾病,包括线粒体病和神经退行性疾病。线粒体研究对于理解许多疾病的机制和开发治疗方法非常重要。药物研究也涉及调控线粒体功能以治疗一些疾病。

线粒体在细胞生物学和医学研究中具有重要地位,因为它们对于维持细胞的能量供应和生存至关重要。线粒体的研究有助于理解细胞生物学、疾病机制和药物开发。

哺乳动物骨骼肌中的快肌纤维主要以葡萄糖(或糖原)为能量物质,利用无氧糖酵解供能,有氧氧化代谢率较低。相反地,慢肌纤维优先代谢脂肪酸,但也可以使用葡萄糖。从生理学特征来看,慢肌纤维收缩速度慢、收缩力量小,但持续时间长、不易疲劳,主要靠有氧代谢产生的三磷酸腺苷供能。慢肌纤维有氧氧化能力较强,表现为线粒体不仅数量多而且体积大,线粒体蛋白含量高,氧化酶的活性比快肌纤维高,甘油三酯含量高,氧化脂肪的能力是快肌纤维的 4 倍。慢肌纤维周围的毛细血管网较快肌纤维丰富,含较多的肌红蛋白及较多的线粒体。它们有较高的氧化脂肪能力,以及在有氧氧化时产生较多 ATP 的能力。这使得慢肌纤维更适合长时间的、中低强度的运动。鸟类主要由慢肌纤维组成,因此可以做长时间的飞行。

在运动状态下,身体的新陈代谢会围绕骨骼肌的能量供应进行适应性变化。在这个阶段,新陈代谢率可以根据运动负荷提高 20 倍左右,而消化系统和内脏的新陈代谢率相对降低,因此餐后不适合立即进行运动。剧烈运动时,身体会大幅度增加氧气的消耗,从而增加了能量的释放,导致体温快速升高。然而,过高的体温或过快的体温升高可能导致一系列问题,严重时甚至危及生命。因此，在开始运动前必须进行充分的准备活动，而在长时间运动中要及时补充水分与电解质，比如淡盐水。

在运动后，立即用凉水冲洗或大量进食冷饮都是不可取的。保持适当的体温对身体健康至关重要。因此，我们需要让身体保持在一个适当的温度，无论是因为运动引起的体温过高还是过低，都是非常危险的。剧烈运动和安静状态下不同器官的相对耗氧率不同，在不同活动状态下，身体的代谢和能量分配发生了显著的变化。

细胞代谢所消耗的能量物质主要是葡萄糖。葡萄糖的氧化消耗氧气，产生二氧化碳和水，并释放能量。该过程可以用以下反应方程式表示：

$$C_6H_{12}O_6+6O_2 \longrightarrow 6CO_2+6H_2O+ 能量 \qquad (3.1)$$

如果在空气中燃烧葡萄糖，会直接产生二氧化碳和水，并释放能量（光和热）。然而，细胞内葡萄糖的氧化依赖于一系列酶的催化作用，这在较低的温度条件下进行（人体体温37℃）。在这个过程中，释放的能量分为两部分：一部分是热能，另一部分是化学能。化学能被转移到ATP的高能磷酸键上，作为机体各种活动的能源。最终，其中一部分转化为机械能，用于执行生物学功能，而另一部分转化为热能，有助于维持体温和其他生理过程。这种方式使葡萄糖能够有效地支持生命活动。

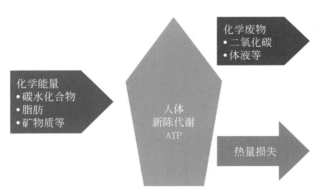

人体新陈代谢与能量示意图

糖原似乎是高强度有氧运动的最佳燃料，但身体内的储量有限。研究表明，体内的肌糖原只能满足 20 ~ 30 min 的高强度有氧运动。理论上，体内的糖分可以满足 1.5 h 左右的有氧运动；而脂肪也可作为能量物质使用，目前还没有发现脂肪在运动时会被消耗完，也就是说它可以持续无限长的时间（在脂肪没有用完之前）。然而，人们可能由于脱水和体温升高等因素而已经筋疲力尽。

在持续 2 ~ 3 h 或更长时间的运动过程中，如马拉松赛事、铁人三项等，如何调整糖和脂肪的能量供应比例对于提高运动能力尤为重要。这涉及优化身体对糖和脂肪的利用，以延长耐力和减轻疲劳。在这种情况下，科学的饮食和能量补充策略变得至关重要，包括在适当的时间和比例补充碳水化合物和脂肪，以满足身体在长时间运动中的能量需求。此外，充足的水分和电解质补充也对维持运动表现和身体功能至关重要。

从钻木取火到刀耕火种

火，是人类使用最早的能源之一，从人类起源就一直影响着人类进化的脚步，一定角度上可以说，人类的发展史就是人类利用火、改造火的历史。直到今天，人类使用的能量大部分依旧来源于燃烧。目前使用的火基本上都在宏观尺度，而且传统燃烧是在三维空间进行的，实际上，传统意义上的火很难在很小的尺度（小于 1 mm）内持续产生。根据尺度效应，越小的物体对应着越大的表面积，对于燃烧来说，也就对应着更大的散热面积，热量的散失使得燃烧难以持续进行。目前宏观尺度上的燃烧存在一些问题，诸如能源转化效率低下，同时产生大量的污染物。随着社会的发展，环境污染和能源枯竭成为制约进一步发展的关键因素，如何清洁环保地利用能源也成为亟待解决的难题。催化燃烧相比于传统燃烧更加稳定，污染物排放更少，起燃温度更低，另外可以大幅度提高可燃气体的利用率，所以引起了学术界乃至全社会的重视。

火对于人类而言是极为熟悉的事物，在我们的日常生活中，几乎无处不在地应用火。人类文明的根基建立在对火的认知与利用之上，从日常的烹饪到工业炼钢厂的火炉，再到飞向太空的火箭，都展现了火的多样应用，可以说，没有火，今天的人类社会将无法存在。

火是一种物质燃烧的强烈氧化反应，其释放的能量以光和热的形式表现，同时伴随着大量的生成物。不同于缓慢的氧化反应（如生锈或消化），在火的定义中并不包括这些过程。火焰是火的可见部分，其形状会随着粒子的振动而呈现多样化，当温度足够高时，火甚至以等离子体的形式呈现。火焰的颜色和亮度受到燃烧物质和其纯度的影响。

总的来说，燃烧是一系列复杂的基本自由基反应，固体燃料首先经过热解产生气体燃料，然后气体燃料的燃烧提供产生更多燃料所需的热量。燃烧不仅在人类生产能量中起到主要作用，还是为火箭提供动力的唯一反应。自然界的火，如森林火灾，往往是由雷击、火山喷发或高温天气等原因引起的。

所有已知的人类社会都在某种程度上使用火，火的运用成为普世文化的通则。在现代人类演化出现之前，古代的人类是茹毛饮血的动物，例如直立人，这些祖先可能在 100 万 ~ 150 万年前或更早，就已经掌握了使用火的技能。

火作为全球生态系统的重要因素，对各种生态系统的维持和刺激生长都产生积极影响。人们利用火进行烹饪、供暖、发光、发信号和推进等各种活动。然而，火的使用也带来了一系列负面影响，包括水体污染、土壤流失、空气污染以及对生命和财产的危害。温室效应导致的全球气温升高，其中一部分原因就是燃烧化石燃料所释放的二氧化碳。

根据点燃的物质和外部的任何杂质，火焰的颜色和火的强度会有所不同。物质一旦被点燃，就必须发生连锁反应，如果有连续供应的氧化剂和燃料，火可以通过在燃烧过程中进一步释放热能来维持自身的热量并可能蔓延。

燃烧是燃料（还原剂）和氧化剂（通常是大气中的氧气）之间的高温放热氧化还原化学反应，会在称为烟雾的混合物中产生氧化的、通常为气态的产物。燃烧并不总是会引起火灾，因为只有在燃烧的物质蒸发时才能看到火焰，但当蒸发时，火焰是反应的特征指标。虽然必须克服活化能才能开始燃烧（例如，使用点燃的火柴来点燃火），但火焰产生的热量可以提供足够的能量使反应自我维持。

当易燃或可燃材料与足量的氧化剂（例如氧气或其他富氧化合物（尽管存在非氧氧化剂）结合）暴露于热源或环境温度高于燃料/氧化剂混合物的闪点，并且能够维持产生连锁式反应的快速氧化速率。这通常被称为火可持续性燃烧的三个条件。如果所有这些元素都到位但比例不当，火就不可能存在。例如，只有当燃料和氧气的比例正确时，易燃液体才会开始燃烧。一些燃料 - 氧气混合物可能需要催化剂，这种物质在燃烧过程中的任何化学反应中添加时都不会被消耗，但能使反应物更容易燃烧。

火在人类生活中留下了丰富的记忆，从日常烹饪到节日的烟花和爆竹，都让人深刻感受到火的力量。同时，火也是一种化学过程，是物质在燃烧放热的化学反应中快速氧化的过程，产生热量、光和各种反应产物。火的产生需要克服活化能，一旦点燃，可以通过连锁反应自我维持。

火作为人类认知的最早化学反应，至今仍然在为人类提供能量，并在各个领域展现着其强大的应用潜力。

火焰是由气体和固体混合物反应而产生的，它会释放可见光、红外线，有时还包括紫外线，而其频谱则取决于燃烧材料和中间反应产物的化学成分。在多种情况下，有机物质如木材的燃烧，或是气体的不完全燃烧，由炽热固体颗粒组成的烟灰会产生熟悉的橙红色"火"光。

这种火焰产生的光呈现出连续光谱。由于火焰中形成的激发分子中的电

子跃迁会发射单一波长的辐射，因此
完全燃烧的气体呈现暗蓝色。这通常
涉及氧气，但氢气在氯气中燃烧也会
产生火焰，从而产生氯化氢（HCl）。
其他可能产生火焰的组合包括氟和
氢，以及联氨（hydrazine）/偏二甲肼
（UDMH）的火焰呈淡蓝色，而硼及其
化合物在20世纪中叶被评估为喷气和
火箭发动机的高能燃料，会发出强烈
的绿色火焰，因此被称为"绿龙"。

燃烧的炉膛

在正常重力条件下，火焰的分布
通常受到对流的影响，因为烟灰往往
会上升到一般火焰的顶部，类似于正
常重力条件下燃烧的蜡烛，使其呈现黄色。然而，在微重力或零重力环境中，
例如外太空，对流不再发生，导致火焰呈球形，呈现更蓝且更高效的趋势。这
种差异可能的解释之一是温度分布更加均匀，不会形成烟灰并促使完全燃烧。

NASA的实验表明，在微重力下与地球上的扩散火焰相比，允许更多烟灰
被完全氧化，因为微重力下的一系列行为机制与正常重力条件下不同。这些发
现在应用科学和工业中具有潜在的应用价值，尤其是在提高燃油效率方面。

自然火是地球系统中活跃且重要的组成部分，与气候变化和生态系统演
化之间的耦合作用维持着地表圈层的和谐运转。志留纪以来，陆生植物的出
现标志着自然火的快速发生，并至少自325 Ma（Ma，百万年）以来一直在
地球生态系统中发挥着极其重要的作用，其中火的发生频率和强度明显影响
植被。

火的用途广泛，从点燃树木、干草等释放能量，到现代发电厂使用石油、

天然气和煤炭等化石燃料,提供世界大部分的电力。国际能源机构指出,目前世界上近 80% 的电力来自燃烧化石能源。例如,发电站利用火加热水,产生蒸汽以驱动涡轮机,进而发电。此外,火还可直接用于提供外燃机和内燃机的机械功。

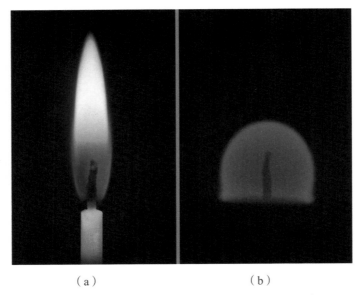

(a)   (b)

地球上燃烧的蜡烛(a)和国际空间站上自由落体环境(b)火焰的比较

自然火与植被、气候和地理环境密切相关,受到气候和植被因素的控制。在局地尺度上,天气模式、燃烧位置、地形、植被和局地可燃物量之间以复杂的方式相互作用,对自然火产生正反馈或者负反馈;在区域尺度上,温度和降水是自然火最重要的气候影响因素,通过控制净初级生产力、燃料丰度、组成和结构来影响自然火的强度。

自然火不仅对生态系统产生积极作用,刺激生长,而且对全球生态系统产生负面影响,如对生命和财产的危害、大气污染和水污染。大火可能通过燃烧造成物理损坏,而火灾对土壤肥力也有长期的影响,因为火灾会导致氮损失，而其他元素则留存在灰烬中。新石器时代以后，放火烧荒和刀耕火种使农业生产能力大幅度提高，改变了人类的生存方式。

自然火的化石记录首先出现在4.7亿年前的奥陶纪中期，随着陆生植物群的建立，新成群的陆生植物生长，大气中的氧气以前所未有的速度积累。当该浓度上升到13%时，就有可能发生野火。大气中氧气的积累是自然火发生的关键因素，而野火的丰富与氧气水平密切相关。自然火在6～7 Ma前随着草的辐射而变得更加丰

火存在于人类文明的方方面面

富，提供了更快传播的火种。这些广泛的火灾可能启动了积极反馈过程，产生了更温暖、更干燥的气候，更有利于火灾的发生。

最常见形式的火会导致大火，这有可能通过燃烧造成物理损坏。火灾是影响全球生态系统的重要过程。火的积极作用包括刺激生长和维持各种生态系统。它的负面影响包括对生命和财产的危害、大气污染和水污染。如果火烧掉了保护性植被，强降雨可能会导致水土流失加剧。

此外，当植物燃烧时，它所含的氮会释放到大气中，不像钾和磷等元素会留在灰烬中并迅速回收到土壤中。这种由火灾引起的氮损失会导致土壤肥力的长期下降，但这种肥力可能会恢复，因为大气中的分子氮被"固定"并通过闪电等自然现象转化为氨。"固氮"的豆科植物，如三叶草、豌豆和青豆。

新石器时代以后，放火烧荒、刀耕火种使得农业生产能力大幅度提高。

人类从原来靠游猎生存的方法，改换为定居的农业生产方式。如今，刀耕火种的农业在热带非洲、亚洲和南美洲的大部分地区仍然很普遍。对于农民来说，放火烧荒是开垦清除杂草丛生的土地或处理秸秆，并将植被中的养分释放回土壤的最便捷有效的方式。

火的"药"的确劲儿大

火药，作为中国古代的"四大发明"之一，是一种早期的化学炸药，俗称黑色火药（简称黑火药），以区别于现代的无烟火药。其主要成分包括硫、碳（以木炭的形式）和硝酸钾（硝石）。硫和碳充当燃料，而硝石则是氧化剂。火药被广泛应用于火器、火炮、火箭以及烟花制作，同时在采石、采矿和道路建设中被用作爆破剂。

在中文语境中，火药一词具有两个层面的含义：狭义上指黑火药（Black powder/Gunpowder），广义上则泛指所有类型的化学引爆粉末。作为中国古代的伟大发明之一，火药在英国传教士麦都思的描述中被称为"中国人的天才发明"，对欧洲文明的发展提供了巨大推动力。1857年，恩格斯在为《美国新百科全书》所写的《炮兵》一文中，非常具体地论述了中国火药的发明及其发展和在军事上的应用过程。恩格斯指出："现在几乎所有的人都承认，发明火药并用它朝一定方向抛射重物的是东方国家。在中国和印度，土壤中含有天然硝石，因此当地居民自然早就了解了它的特性。中国很早就用硝石和其他可燃物混合制成了烟火剂，用于军事和盛大的庆典。"

学术界一般认为火药的发明可追溯至7世纪的中国，起源于术士炼制长生不老药的过程中的意外发现。唐代的《太上圣祖金丹秘诀》早有火药配方的书面记载。火药的发明催生了烟花和原始火器的出现，并在阿拉伯、欧洲和印度等地传播。英国思想家培根（RogerBacon，约1214—约1292）在13

世纪的记录中提到了西方最早关于火药的书面记录。

　　火药被归类为低能炸药，其分解速度相对较慢，因此产生的压力较低。它适用于作为推进剂，但由于其低当量的爆炸力，不太适合粉碎岩石或攻克防御工事。尽管如此，直到 19 世纪下半叶，当高能炸药首次投入使用前，火药仍被广泛用于炮弹，并在采矿和土木工程项目中得到应用。然而，随着无烟火药等新型替代品的出现，火药在工业领域的使用逐渐减少。

　　火药中只有 3 种成分是有用的，分别为硝酸钾（KNO_3），硫磺（S）与碳（C）。火药燃烧的一个简单的、经常被引用的化学方程式是：

$$2KNO_3+S+3C \longrightarrow K_2S + N_2+3CO_2 \qquad （3.2）$$

一个平衡但仍然简化的等式是：

$$10KNO_3+3S +8C \longrightarrow 2K_2CO_3+3K_2SO_4+6CO_2+5N_2 \qquad （3.3）$$

火药爆炸

由于火药的配方是通过反复试验开发的，并且需要根据不断变化的军事技术进行更新，因此在中世纪时期，火药成分的确切百分比变化很大。

火药的燃烧将不到一半的质量转化为气体，大部分变成颗粒物。这些颗粒物的弹射会浪费推进力，同时也会污染空气。残留物中的一部分形成厚厚的烟灰在枪管内，成为后续射击的障碍，也是自动武器卡壳的原因。这些残留物吸湿，与从空气中吸收的水分一起形成腐蚀性物质。因此，火药武器需要经常和彻底清洁以去除这些残留物。

唐初的医学家孙思邈（581—682）在《丹经内伏硫磺法》记载，将硝石、硫磺和炭化皂角子混合后点燃，能够猛烈燃烧。到了8世纪，中国的炼丹家发明了一种以硝石、硫黄、和木炭为主要原料的"伏火硫黄法"。这个方法涉及将硫黄、硝石各二两，研磨后放在沙罐中，罐再放在地坑中四面填土，与地平齐，然后点燃三个皂角子，逐个放入沙罐，等到火灭后，再在罐口加入三斤木炭，继续煅烧，直到木炭消失约三分之一，去掉余火后冷却收集。虽然这并不是现代火药，但已经开始将硝石、硫黄和木炭一同煅烧了。

中国第一次明确使用火药可以追溯到公元9世纪的唐朝，最早出现在808年的《太上圣祖金丹秘诀》的一个配方中，大约50年后在《真元妙道要略》这部道教文本中也有提及。这些文献中描述了一些实验，使用硝石、硫磺和其他成分，有时还涉及火的现象。据这些道教文献记载，中国的炼金术士发明的火药可能是在寻求创造长生不老药的实验中无意得到的副产品。火药这个名称在中文中的意思就是"火的药"。硝石在公元1世纪中叶就为中国人所知，主要产自四川、山西和山东等省。

有强有力的证据表明，在各种组合中都使用了硝石和硫磺。一份492年的中国炼金术文本指出，硝石燃烧时有紫色火焰，提供了一种实用而可靠的方法，可以将其与其他无机盐区分开，使炼金术士能够评估和比较提纯技术。

最早关于硝石净化的拉丁文记录可以追溯到 1200 年之后。

唐元和三年（808 年），炼丹家清虚在《太上圣祖金丹秘诀》描述了"伏火矾法"，其中使用硫黄、硝石和马兜铃等成分。这一法相较于之前的伏火硫黄法取得了进展，伏火硫黄法的硝石和硫黄混合物由于没有碳素，燃烧过程容易被融化的硫黄中断。为了解决这个问题，伏火矾法将硝石、硫黄和含碳的马兜铃一同混合，成为原始火药。

成书于 9 世纪中叶至五代时期的《真元妙道要略》记载了"硫磺、雄黄合硝石并蜜烧之"会产生火焰。历史上许多炼丹家都对硝石和硫磺的化学性质进行了研究。《三十六水法》等文献记载了 32 个包含硝石的丹方。《周易参同契》有有关硫黄和水银的化合实验。陶弘景的《本草经集注》首创用火焰的颜色辨别硝石的方法："强烧之，紫青烟起，云是真消石也。"

最早的火药武器出现在北宋时期，敦煌的壁画上首次描绘了关于火枪和手榴弹的情景。世界上最早的金属火铳出土于中国黑龙江，制作年代为 1288 年，现藏于黑龙江省博物馆。

硝石是火药的关键构成之一，火药配方最早在公元 9 世纪晚唐时期的炼丹书籍中就有记载。公元 904 年，杨行密军围攻豫章（今江西南昌），部将郑璠命所部"发机飞火，烧龙沙门，率壮士突火先登入城，焦灼被体"，这是火药最早使用于军事的记载，最早的火药武器则出现在五代时期的敦煌壁画。

北宋《太平玉览》引《范子叶然》的记载，春秋时代有一位范子然说"硝石出陇道"。南朝梁陶弘景《名医别录》记载"扑硝生益州，……色青白者佳""硝石生益州及武都，陇西，西羌""硝石，味辛，大寒无毒，主治十二经中百二十疾。天地至神之物"。唐苏敬等编《新修本草》记载"朴硝今出益州北部汶山郡，生山崖上，色青白，亦杂黑斑"。

东汉《神农本草经》记载"消石，味苦寒，主五脏积热，胃涨闭，涤去蓄结饮食，推陈致新，除邪气"。北宋《武经总要》的三种火药方含硝量

50%、48.5%、38.5%，均低于基本的黑火药含硝量（75%）。此外，在金人统治下的西安附近曾出土了火药石，据研究，其含硝量为60%，比北宋《武经总要》要高。

火药最早的化学式出现在11世纪宋代文本《武经总要》中，由曾公良在1040—1044年撰写。《武经总要》是一部中国北宋官修的军事著作。宋初将领多出自行伍，拔卒为将，以殿前比试武艺作为人事升迁的途径，这称为转员制度，开国六十年后将领多不知兵法，景祐元年（1034年）北宋大臣富弼上疏《论武举武学奏》，建议设立武学，《武经总要》由天章阁待制曾公亮和尚书工部侍郎、参知政事丁度等奉命于1040—1044年编辑而成，完成于1044年（北宋庆历四年）。主题广泛，从各种类的海军船舰到投石机都有。《武经总要》是历史上最早含有硝石、硫磺、木炭等成分火药配方的记录。在1126年金国占领开封时，武经总要的原本失传了。1231年，南宋借由一些副本重制了新版本的《武经总要》。

火药的剧烈燃烧现在也用于烘托生活的节日气氛

1044年，《武经总要》作者曾公亮、丁度和杨惟德已经记载三种复杂的火药配方，并利用火药制造霹雳火球、铁嘴火鹞等炸弹。

《武经总要》还记述，使用火药为兵器，以火箭和投石机搭载的炸弹形式出现。1232 年，南宋寿春县有人发明竹筒火枪，被使用来发射瓦土弹头。南宋陈规著的《守城录》已记载有铜铁制成的火炮。现在找到最古早的金属制大炮约制作于 1323 年。但是元朝（1279—1368）之前的蒙古人曾使用大炮来对抗当时的俄罗斯人，当时欧洲的罗吉尔·培根于 1248 年就记载此事于其著作中。到了明代，军队开始大量装备利用了黑火药的各种火枪与火炮。

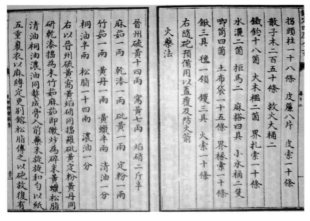

宋代《武经总要》中关于火药的配方

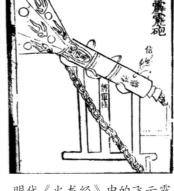

明代《火龙经》中的飞云霹雳炮

1225 年以后，火药和火器从中国传入伊斯兰国家，阿拉伯人从中国获得了关于黑火药的知识。他们将来自东方的硝石称为"中国雪"，对烟花爆竹有所了解后又称之为"中国花"，而火箭则被称为"中国箭"。在 1304 年，阿拉伯人将黑火药应用于军事，将其装入竹制或铁制的管内，以射击箭枝。一直延续到 19 世纪，黑火药仍然是唯一已知存在的推进剂和炸药。

蒙古人的入侵将火药引入了伊斯兰世界，当地的国家先后在 1240—1280 年获得了火药知识。在此期间，叙利亚的哈桑·拉马（Hasan al-Rammah）已经撰写了关于食谱、硝石净化以及火药燃烧的文本。Al-Rammah 使用"表明他从中国资源中获得知识的术语"，并将硝石称为"中国雪"（阿拉伯语：

الصين thalj al-ṣīn）、烟花称为"中国花"，火箭称为"中国箭"，这表明其火药知识来自中国。然而，由于哈桑·拉马将他的材料归因于"他的父亲和祖先"，Al-Hassan 认为火药在"12 世纪末或 13 世纪初"在叙利亚和埃及开始盛行。在波斯，硝石被称为"中国盐"（波斯语：نمک چینی namak-i chīnī）或"来自中国盐沼的盐"（波斯语：نمک شوره چینی namak-i shūra-yi chīnī）。

哈桑·拉马在他的文本 al-Furusiyyah wa al-Manasib al-Harbiyya 介绍了107 种火药配方，其中 22 种用于制作火箭。如果从这 22 种火箭成分中选取17 种（其中包括 75% 的硝酸盐、9.06% 的硫和 15.94% 的木炭）的中位数，与现代报道的 75% 硝酸钾、10% 硫和 15% 木炭几乎相同。文本中还提到了引信、燃烧弹、石脑油罐、火枪，以及最早的鱼雷的插图和描述。鱼雷被称为"能够自行移动并燃烧的蛋"。两块铁皮固定在一起，并用毛毡拉紧。扁平的梨形容器装满了火药、金属屑、"良好的混合物"、两根棒和一个用于推进的大型火箭。从插图资料看，它显然是在水面上滑行。在 1299 年和 1303 年，穆斯林和蒙古人之间的战斗中使用了火枪。

西方对火药的最早描述出现在英国思想家罗吉尔·培根（Roger Bacon）于 1267 年所写的文本 Opus Majus 和 Opus Tertium 中。Opus Majus 是培根最重要的作品之一，涵盖了从语法和逻辑到数学、物理和哲学的各个方面。1267 年，培根将这部 878 页的论文寄给了教皇克莱门特四世。在其中，他描述了关于火药的一些工作。此后，英国的火药制造业在 1346 年开始于伦敦塔；1461 年在伦敦塔内设有一间火药房；1515 年，三位国王的火药制造商在那里工作。英国内战（1642—1645）导致了火药工业的扩张。1641 年 8 月，火药的皇家专利被取消。

在大约 1280—1300 年，欧洲最古老的有关火药的书籍以 Liber Ignium 或《火之书》的名义被记录。这部拉丁文文献是中世纪燃烧武器配方的集合，包括了希腊火和火药。它被认为是由某个名叫马库斯·格里库斯（Marcus

Graecus）或马克·格瑞克（Mark the Greek）写成的。这个作品包含了对火药配方和制作方法的描述。

希腊火是东罗马帝国开始使用的燃烧武器，被用于点燃敌舰，由火焰喷射武器释放的可燃化合物组成。一些历史学家认为它可能在与水接触时被点燃，并且可能基于石脑油和生石灰。拜占庭人通常在海战中使用它，效果很好，因为它可以漂浮在水面上时继续燃烧。它提供的技术优势促成了许多关键的拜占庭军事胜利，其中最引人注目的是从第一次和第二次阿拉伯围攻中拯救了君士坦丁堡，从而确保了帝国的生存。

希腊火的威力给西欧十字军留下了深刻的印象，以至于这个名字适用于任何种类的燃烧武器，包括阿拉伯人、中国人和蒙古人使用的那些。然而，这些混合物使用的配方与拜占庭希腊火的配方不同，后者是一个严格保密的国家机密。拜占庭人还使用加压喷嘴将液体喷射到敌人身上，其形式类似于现代火焰喷射器。尽管十字军东征以来，"希腊之火"一词在英语和大多数其他语言中已普遍使用，但最初的拜占庭资料称该物质有多种名称，例如 "海火"（中世纪希腊语：πῦρ θαλάσσιον pŷr thalássion），"罗马大火"（中世纪希腊语：πῦρρΩμαϊκόνpŷrRhōmaïkón），"战火"（中世纪希腊语：πολεμικὸνπῦρPolemikònpŷr），"液体火"（中世纪希腊语：ὑγρὸνπνπὸρῦρHygrònPŷ σκευαστόν pŷr skeuastón）。希腊火的成分仍然是一个充满猜测和争论的话题，可能的成分包括了松脂、石脑油、生石灰、磷化钙、硫或硝石的组合形式。

绚丽的烟花与热闹的爆竹

当我们对某种材料进行加热时，实质上是将能量注入该材料的原子中的电子。如果这种能量足够激发电子，当它们返回到正常能级时，多余的能量（即通过加热引入的能量）将以光的形式由电子释放出来。这就是烟花发出各种绚丽颜色的原理。

烟花最早是在中国宋朝（960—1279）时期发明的，被广泛用于庆祝活动。制作烟花已经发展成为一个独立的职业。农历新年和中秋节等文化和庆祝活动过去和现在都是人们欣赏烟花的时刻。中国是全球最大的烟花生产和出口国。

烟花制造术是一门研究能够通过自身发生放热化学反应，从而产生热、光、气、烟和声音的科学。它不仅包括烟花的制作，还涉及安全火柴、氧烛、爆炸螺栓以及汽车安全气囊等组件。烟花是一种低爆炸性的烟火装置，主要用于审美和娱乐目的，最常见的用途是作为焰火表演的一部分，展示各种效果。

17 世纪中叶，烟花在欧洲以前所未有的规模被广泛用于娱乐，甚至在度假村和公共花园中也很受欢迎。随着 *Deutliche Anweisung zur Feuerwerkerey*（1748）的出版，烟花制作的方法广为人知，并被充分描述为"烟花制作已成为一门精确的科学"。

1774 年，路易十六登上法国王位后，他注意到法国的火药供应不足，于是成立了火药管理局，并任命安托万·拉瓦锡（Antoine L.Lavoisier，1743—1794）作为负责人。尽管拉瓦锡出身于资产阶级家庭，但通过他的法律学位和为王室征税的公司工作，他变得富有，从而能够将实验自然科学作为一种爱好，成为法国著名化学家。

烟花有多种形式，可以产生噪声、光线、烟雾以及漂浮的材料（尤其是五彩纸屑）。它们可以设计成彩色的火焰和火花燃烧，包括红色、橙色、黄色、绿色、蓝色、紫色和银色。烟花表演在世界各地都很普遍，是许多文化和宗教庆典的焦点。

在宋代，许多平民可以从市场小贩那里购买各种烟花。盛大的烟花表演也常常举行，如 1110 年为招待宋徽宗和他的朝廷而举行的大型烟花表演。火箭推进的烟花在战争中也很常见，例如，阿拉伯人从中国获得火药知识后，火箭推进的烟花被广泛应用。在欧洲，烟花制作的方法在17世纪一开始流行起来，法国的科学家和军事工程师弗雷泽（Amédée-François Frézier）于1747年发表了烟花的相关论文。

火箭推进在战争中很常见，明代刘基（1311—1375，刘伯温）和焦宇（1350—1412）编写的《火龙经》就是明证。1240年，阿拉伯人从中国获得了火药及其用途的知识。一位名叫Hasan al-Rammah的叙利亚人写下了火箭、烟花和其他燃烧物，使用的术语暗示他从中国资源中获得知识，例如他将烟花称为"中国花"。

彩色烟花是从早期（可能是汉代或此后不久）中国使用化学物质产生彩色烟雾与火焰衍生和发展而来的。此类应用出现在明代《火龙经》（14世纪）和《武备志》（1621年序，1628年印刷）中，书中描述了配方，其中一些使用低硝酸盐火药，以制造各种颜色的军用信号烟。在《武备火龙经》（明，1628年后完成）中，出现了烟花般的信号的两个公式，即三丈菊和百丈莲，它们可以在烟雾中产生银光。

在赵学敏（赵敏）的《火戏略》（1753）中，记载几种配方用低硝酸盐火药和其他化学物质来着色火焰和烟雾。例如，黄色的硫化砷、绿色的醋酸铜（铜绿）、淡紫色的碳酸铅和白色的氯化亚汞（甘汞）。1818年，法国作家安托万·卡约（Antoine Caillot，1759—1839）对中国的烟火进行了描述："可以肯定的是，中国人拥有的让火焰燃烧的各种颜色的秘诀是他们烟花的最大奥秘。"同样，英国的地理学家约翰·巴罗爵士（约1797）写道："中国人拥有的烟火颜色多样性的秘诀似乎是他们烟火的主要优点。"

烟花于14世纪在欧洲生产，到17世纪开始流行。彼得大帝（Peter the Great，俄语：Пётр Великий, tr. Pyotr Velíkiy，1672—1725）的大使列夫·伊兹麦洛夫曾从中国报告："他们制造的烟花是欧洲没有人见过的。"1758年，居住在北京的耶稣会传教士德因卡维尔（Pierre Nicolas Le Chéron d'Incarville，

1706—1757），向巴黎科学院（Paris Academy of Sciences）写了关于制作多种类型的中国烟花的方法，五年后由科学院正式发表。法国军事工程师、数学家兼间谍弗雷泽（Amédée-François Frézier，1682—1773）于 1747 年发表了他的修订作品 *Traité des feux d'artice pour le spectacle*（烟花论文），内容涵盖了烟花的娱乐和仪式用途，而不是其军事用途。

缤纷绚丽的烟花

通过向烟花添加不同的发色剂或金属盐，然后加热它们，可以释放出不同波长的光，从而呈现出不同的色彩。例如，锶盐（或锶元素）会产生红色，钡盐用于制造绿色，铜盐用于展现蓝色等。

烟花的颜色来源于各种金属化合物，尤其是金属盐。在这里，"盐"这个词不同于我们日常使用的普通食盐（氯化钠），而是指任何含有金属和非金属原子以离子键合在一起的化合物。那么，这些化合物是如何产生如此丰富的颜色，以及烟花的制作还需要哪些成分呢？

烟花最关键的成分当然是火药，即众所周知的"黑火药"。最初由中国的炼金术士偶然发现，当时他们更感兴趣的是寻找长生不老药，而非炸毁物体。他们发现将蜂蜜、硫磺和硝石（硝酸钾）混合在一起，然后加热，会引发剧烈的燃烧。

随后，硫磺和硝酸钾的混合物中由木炭取代蜂蜜。在反应中，硫磺和木炭充当燃料，而硝酸钾充当氧化剂。现代黑火药的硝石、木炭和硫磺的质量比例约为 75:15:10，这个比例自 1781 年前后一直保持不变。

烟花中的"星星"是含有金属粉末或盐的部分，这赋予烟花不同的颜色。这些"星星"通常会涂上火药以助燃。燃烧反应释放的热量会使金属原子中的电子激发到更高的能级。这些激发态是不稳定的，因此，电子迅速返回到基态，释放出多余的能量，呈现为光的形式。不同金属在其基态和激发态之间具有不同的能隙，因此发射不同颜色的光，这与进行不同金属的火焰测试的原理相同，从而使我们能够区分它们。

不同颜色的烟花材料

颜色	金属	示例化合物
红色	锶（深红色） Strontium（intense red） 锂（中红） Lithium（medium red）	$SrCO_3$（碳酸锶，strontium carbonate） Li_2CO_3（碳酸锂，lithium carbonate） LiCl（氯化锂，lithium chloride）
橙色	钙（Calcium）	$CaCl_2$（氯化钙，calcium chloride）
黄色	钠（Sodium）	$NaNO_3$（硝酸钠，sodium nitrate）
绿色	钡（Barium）	$BaCl_2$（氯化钡，barium chloride）

颜色	金属	示例化合物
蓝色	卤化铜（Copper halides）	CuCl$_2$（氯化铜（Ⅱ），copper（Ⅱ）chloride），低温
靛蓝	铯（Caesium）	CsNO$_3$（硝酸铯，caesium nitrate）
紫色	钾（Potassium） 铷（紫红色） Rubidium（violet-red）	KNO$_3$（硝酸钾，potassium nitrate） RbNO$_3$（硝酸铷，rubidium nitrate）
金色	炭（Charcoal）、铁（iron）或油烟（lampblack）	
白色	钛（Titanium）、铝（Aluminum）或镁粉（Magnesium powders）	

因此，化合物中存在的金属原子至关重要，但并非所有化合物都同样适用。吸湿性化合物（能够吸引和保持水分的化合物）在烟花中并不理想，因为它们会使混合物变潮，难以点燃。此外，一些颜色也相对难以实现。含有铜的化合物在较高温度下通常不够稳定，一旦达到某一温度，就可能发生分解，导致蓝色效果无法呈现。因此，人们常说，一场烟花表演的优劣可从蓝色烟花的效果来判断。紫色同样难以制作，因为它需要使用既含有蓝色化合物又含有红色化合物的物质。

对于烟花化学家而言，制作出令人满意的蓝色烟花一直是一项极富挑战性的任务。深蓝色的烟花可能过于昏暗，在夜空中难以被清晰观察，而过于浅淡的蓝色则可能显得更接近于白色。因此，实现"完美蓝色"所需的波长非常精确，其制作难度极大。

鞭炮（cracker，noise maker，banger）是一种小型爆炸装置，主要用于产生大量噪声，特别是以巨响的形式，通常用于庆祝或娱乐；任何视觉效果都与此目标无关。它们内含"保险丝"，并包裹在一个厚重的纸壳中以容纳爆炸性化合物。与烟花一样，鞭炮也起源于中国。

爆竹，又称鞭炮、纸炮仔（客家话）、炮仔（闽南话），拥有超过 2000 年

的历史。把许多小型爆竹用药线串接在一起称为鞭炮。最初，鞭炮主要用于
驱魔避邪，而在现代，华人在传统节日、婚礼喜庆、各类庆典、庙会活动等
场合几乎都会燃放鞭炮，特别是在农历新年期间，鞭炮的使用量超过全年用
量的一半。

在不同的历史时期，鞭炮有着不同的称谓，从"爆竹""爆竿""炮仗"，
一直到"鞭炮"。在湖南省醴陵市的南桥镇、白兔潭镇及其邻近地区，人们仍
将体积大、火药多、爆炸力强的单个鞭炮称为"爆竹"。

早在汉代（公元前202—公元220），人们就将竹茎投入火中以产生巨大
的爆炸声。随着时间的推移，火药被用来模仿烧竹子的声音。在宋朝，制造
了第一批鞭炮，它是由装有火药和引信的卷纸制成的管子。人们还将这些鞭
炮串成大串，称为鞭，这样鞭炮就可以一个接一个地依次点燃。到了12世纪，
也可能是11世纪，炮仗这个词被用来特指火药鞭炮。

有一个流传甚广的传说，称鞭炮起源于爆竹。据说很久以前，每年农历
除夕的晚上都会出现一种叫"年"的猛兽，为了吓退这种猛兽，人们在家门
口点燃竹节。由于竹腔内的空气受热膨胀，竹腔爆裂，发出巨响，通过这种
方式驱赶年兽。

在历史文献中，《荆楚岁时记》《梦梁录》《武林旧事》《都城记胜》等都
有关于"爆仗"的记载。到了16世纪，中国的爆竹已经种类繁多。有记载显
示，大响声的叫"响炮"，飞得高的叫"起火"，带炮声的叫"三级浪"，在地
上旋转的叫"地老鼠"，外形像花草的叫"花儿"，用泥土封住的叫"砂锅儿"，
用纸包的叫"花盆"。

广州出生的英国汉学家波乃耶（James Dyer Ball，1847—1919）在其著作
《中国风土人们事物记》详细描述了爆竹的制造工艺。据他所述，"1897年中，
从中国出口的爆竹达到了二百六十七万余磅（1磅约0.4536 kg），其中二百万
磅出口到美国，还有少量出口到英国"。

诺贝尔的炸药为世界开辟了道路

爆炸是一种自发的化学反应，一旦发生，从反应物到产物的过程中会急剧产生大的放热变化（大量释放热量）和大的正熵变化（释放大量气体）。因此，除了过程传播非常迅速，它还构成了一个热力学爆破和推动作用。炸药是含有大量储存在化学键中的能量的物质。气态产物的能量稳定性以及它们的产生来自于形成强键合物质，如一氧化碳、二氧化碳和（二）氮，它们含有强双键和三键，键强度接近 1 MJ/mol。因此，大多数商业炸药是含有 $-NO_2$、$-ONO_2$ 和 $-NHNO_2$ 基团的有机化合物，这些化合物在被引爆时会释放出上述气体，例如硝化甘油、TNT、HMX、PETN 和硝化纤维素。

炸药（或爆炸物）是一种含有大量势能的反应物质，如果突然释放会产生爆炸，通常伴随着光、热、声音和压力的产生。炸药是一定量的爆炸性材料，可以仅由一种成分组成，也可以是包含至少两种物质的混合物。

存储在爆炸材料中的势能可以是化学能，例如硝化甘油或谷物粉尘；也可以是加压气体，例如气瓶、气雾罐或沸腾液体膨胀蒸汽爆炸（BLEVE）；或者是核能，例如裂变同位素铀 235 和钚 239。爆炸性材料可以根据它们膨胀的速度进行分类。引爆的材料（化学反应的前沿在材料中移动的速度比声速快）被称为"高能炸药"，而爆燃的材料被称为"低能炸药"。炸药也可以按其敏感性分类，可以通过相对少量的热量或压力引发的敏感材料是初级炸药，而相对不敏感的材料是二级或三级炸药。

许多化学物质都能发生爆炸，但只有少数是专门为用作炸药而制造的。其他一些可能太危险、太敏感、毒性大、价格昂贵、性能不太稳定或在短时间内容易分解或降解。

炸药在历史上的应用早期见于热武器，如希腊火。然而，化学炸药的历史根源可以追溯到火药的发明。在 9 世纪的唐代，中国的道教炼金术士在寻找长生不老灵丹妙药的过程中，于 1044 年偶然发现了由煤、硝石和硫磺制成的黑火药可引发爆炸。到 1161 年，中国人首次在战争中使用了炸药。他们将炸药装在竹子或青铜管中发射，这就是竹制爆竹。在战争中，人们甚至会将鞭炮系在活老鼠身上，引燃后让它冲向敌军，燃烧并带着爆炸声的老鼠能够吓跑敌军和马匹，导致骑兵部队陷入混乱。

第一个比黑火药更强大的实用炸药是 1847 年由都灵大学的化学家索布雷洛合成的硝化甘油。然而，由于硝化甘油是一种液体且高度不稳定，因此在 1863 年被硝化纤维素、三硝基甲苯（TNT）所取代。1867 年，硝化纤维素、炸药和凝胶（后两者分别是硝化甘油的复杂稳定制剂，而不是化学替代品，由阿尔弗雷德·诺贝尔发明）取代了 TNT。第一次世界大战见证了 TNT 在炮弹中的广泛应用。尽管现代已经出现更强大的炸药，如 C-4（一种可塑炸药）和 PETN（一种硝酸酯类炸药），与 TNT 不同，C-4 和 PETN 会与金属发生反应并容易着火，但它们具有防水性和延展性。

炸药在商业上的最大应用是在采矿中。采矿业倾向于使用硝酸盐炸药，例如燃料油和硝酸铵。

在材料科学与工程中，炸药用于熔覆（爆炸焊接）。一些材料的薄板放置在不同材料的厚层之上，两层通常都是金属。在薄层上放置一个炸药。在炸药层的一端，引发爆炸。两个金属层以高速和强大的力量强制在一起。爆炸从起爆点蔓延到整个炸药。理想情况下，这会在两层之间产生冶金结合。由于冲击波在任何一点作用的时间很短，两种金属及其表面化学物质透过一些深度往往以某种方式混合。因此，现在"焊接"双层的质量可能小于两个初始层的质量之和。

硝化甘油（nitroglycerin，NG）化学式为 $C_3H_5(ONO_2)_3$，如图所示。它是一种致密、无色、油性的液体，也被称为 trinitroglycerin（TNG）、nitro、glyceryl trinitrate（GTN）、Nobel Oil 或 1,2,3-trinitroglycerine。它是一种爆炸

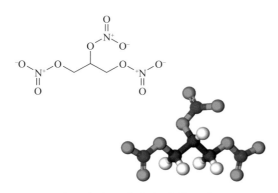

硝化甘油化学式与结构示意图

阿尔弗雷德·诺贝尔 1864 年
的专利申请

性液体，在适合硝酸酯形成的条件下，通过对甘油进行硝化而制得。在化学上，硝化甘油是一种有机硝酸盐化合物而不是硝基化合物，但它仍保留了传统的名称。硝化甘油和任何稀释剂肯定会爆燃（燃烧）。硝化甘油的爆炸力来源于爆炸：初始分解产生的能量会产生强大的压力波，引爆周围的燃料。硝化甘油的爆炸性质来源于其分解过程，产生的强大压力波引爆周围燃料。这种自我维持的冲击波以高速传播，使硝化甘油成为最热门的烈性炸药之一。这是一种自我维持的冲击波，它以 30 倍声速在爆炸介质中传播，作为燃料在近乎瞬时的压力诱导下分解成白热气体。硝化甘油的爆炸产生的气体在普通室温和压力下会膨胀到原始体积的 1200 倍以上。释放的热量可将温度提高到大约 5000℃（9032℉）。这与爆燃完全不同，爆燃完全取决于可用的燃料，而不考虑压力或冲击。它与其他炸药相比，分解产生的能量与释放的气体摩尔比要高得多。

硝化甘油最初由意大利化学家阿斯卡尼奥·索布雷洛（Ascanio Sobrero）于 1847 年合成，当时他在都灵大学的泰奥菲勒 - 儒勒·佩洛兹（Théophile-Jules Pelouze）手下工作。这成为第一种比黑火药更强大的实用炸药。然而，索布雷洛曾警告人们不要将硝化甘油用作爆炸物。

1866 年 4 月，三箱硝化甘油被运往加利福尼亚用于中央太平洋铁路建设，该铁路计划将其作为爆破炸药进行试验，以加快穿越内华达山脉的长 1659 英尺（506 米）山顶隧道的修建。其中一个板条箱爆炸，摧毁了富国银行在旧金山的办公室，造成 15 人死亡。这导致在加利福尼亚完全禁止运输液态硝化甘油。因此，为完成北美第一条横贯大陆铁路所需的剩余硬岩钻孔和爆破，只能靠现场制造硝化甘油来完成。

1869 年 6 月，两辆 1 吨重的货车在北威尔士 Cwm-y-glo 村的道路上爆炸，该货车装载着当时当地称为 Powder-Oil 的硝化甘油。爆炸导致六人丧生，多人受伤，村庄遭受重创，两匹马也踪迹全无。英国政府对造成的损害以及在城市位置可能发生的事情感到非常震惊（这两吨是从德国经由利物浦运来的更大负载的一部分），他们很快通过了 1869 年的硝基甘油法案。液态硝化甘油在其他地方也被广泛禁止，这些法律限制导致阿尔弗雷德·诺贝尔（Alfred B.Nobel，1833—1896）和他的公司在 1867 年研发了新的炸药。这是通过将硝化甘油与在克吕默尔（德语：Krümmel）山中发现的硅藻土（德语中的 "Kieselguhr"）为掺和剂混合制成的。类似的混合物，如 "dualine"（1867 年）、"lithofracteur"（1869 年）和 "gelignite"（1875 年），是通过将硝化甘油与其他惰性吸收剂混合形成的，其他公司尝试了许多组合以试图绕过诺贝尔持有的炸药专利。含有硝化纤维素的炸药混合物会增加混合物的黏度，通常被称为 "明胶"。

1864 年，诺贝尔将加了硅藻土的硝化甘油用作商业上使用的炸药，取代了纯硝化甘油。这发生在他的弟弟埃米尔·奥斯卡·诺贝尔和几名工厂工人在诺贝尔军备工厂的爆炸中丧生之后。硝化甘油成为军事推进剂和军事工程工作的活性成分。

一年后，诺贝尔在德国成立了阿尔弗雷德·诺贝尔公司，并在德国什勒斯维希—霍尔斯坦州汉堡附近的盖斯特哈赫特市（德语：Geesthacht）的克吕默尔山上建立了一家远离其他房屋与人员的孤立的工厂。该企业出口了一种名为"爆破油"的硝化甘油和火药的液体混合物，但这种混合物极不稳定且难以处理，许多灾难都证明了这一点。克吕默尔工厂的建筑物被摧毁了两次。

诺贝尔随后通过将硝化甘油和枪棉结合起来发明了混合无烟火药（ballistite）。他于 1887 年为其申请了专利。混合无烟火药被许多欧洲政府采用，作为军用推进剂，意大利是第一个采用它的国家。英国政府和英联邦政府改为采用由英国弗雷德里克·阿贝尔爵士（Sir Frederick Abel）和詹姆斯·杜瓦爵士（Sir James Dewar）于 1889 年研发的无烟火药或柯代炸药（cordite）。最初的 Cordite Mk I 由 58% 的硝化甘油、37% 的甘棉和 5.0% 的凡士林组成。混合无烟火药（ballistite）和无烟火药（cordite）都是以"绳索"（cords）的形式制造的。

硝化甘油的生产过程通常通过对甘油的酸催化硝化来实现。它以多种形式提供，例如作为炸药、混合无烟火药、无烟火药的主要成分。在第一次世界大战和第二次世界大战期间，硝化甘油被广泛制造，用于军事推进剂和工程工作。

硝化甘油在医学上也被用作一种有效的血管扩张剂，用于治疗心脏病，如心绞痛和慢性心力衰竭。其效果归功于硝化甘油转化为一氧化氮，一种有效的血管扩张剂。在医疗应用中，硝化甘油可以以舌下片剂、喷雾剂、软膏和贴剂的形式使用。对硝化甘油进行化学"脱敏"也是可能的，可以通过添加乙醇、丙酮或二硝基甲苯等脱敏剂来提高其安全性。

4 点火

火驱动了工业革命的发展

能源，给岁月以文明

国际能源署（IEA）发布的 2021 年世界能源统计数据显示，2019 年全世界共消耗 12 717 百万吨标准煤，石油消耗占总能源消耗的 30.9%，煤炭占 26.8%，天然气占 23.2%，生物质和垃圾废品焚烧占 9.4%，核能占 5.0%，水电占 2.5%，其他（包括地热能、太阳能、风能、潮汐能等）为 2.2%。也就是说，除去核能和风能、水利，其余约 90% 的能量均来自于高温燃烧，包括石油、天然气、生物能、垃圾的焚烧等。**可以说："燃烧"是我们目前获取能源的最主要的方式。**

燃烧是一种广泛存在的自然现象，最为普遍的表现是火。火以等离子态的形式存在，属于物质的第四态。自然界中的火现象包括雷电、火山爆发以及太阳的辐射，而在燃烧过程中，树木和草地也是常见的燃料。根据考古学和古人类学的研究，人类大约在 50 万年前的穴居时代学会使用火，这是一项发现而非发明的技术。人类自从掌握了钻木取火的技术以来，深刻地影响了社会文明的发展。火的应用使人类生活发生了翻天覆地的变化，从根本上区别了人类和其他动物。

人类是发现了火，而不是发明了火。

更加重要的是，人们在利用各种"石头"作为围火塘材料的过程中，发现有的"石头"能够被融化，有的"石头"甚至自己可以燃烧。那些能够被融化的不同的"石头"在冷却以后，成为了具有良好柔性、可锻性及的硬度新物质——金属。从低熔点的铜、锡等金属开始，到高熔点的铁、钢，人类先后迎来了青铜时代和铁器时代。

通过对这些金属进行烧烤、锻造、加工成形等工艺技术处理，人们把它们制造成了我们在博物馆中看到的犁、铲、锤、锄、刀、剑、箭等简单工具和武器，进而到了现代化的发动机、车辆、电子器件、飞机、大炮、坦克等，从根本上改变了人类文明的进程和发展形态。

化石能源"煤、石油、天然气"是那些可以燃烧的"石头、液体、气体"的特殊名称。如今,全球超过 90% 的能源来自燃烧煤、天然气、石油和其他可燃材料(如木材等)。然而,高温燃烧过程会带来大量的热损失,例如汽车发动机中高达 70% 以上的能量作为热损耗白白浪费。此外,高温燃烧还会产生氧化氮、二氧化硫等污染物,这也是导致环境问题的主要原因之一,例如全球气温升高、环境污染及能源低效利用。

既然燃烧获取能量的方式会造成如此巨大的浪费与污染,那为什么我们一定要采用燃烧呢?高温燃烧是我们能够获得能源的唯一并且必须过程吗?可以说,火支撑了整个人类文明,可是不难发现,从古至今,人类用火的方式却没有发生任何根本性变化。因此,我们可以思考,能否创造一种全新的燃烧方式,这种新的燃烧方式可以提高能量转化效率,且不伴随污染?

我们尝试回答这个问题,提出了纳米尺度下的室温催化燃烧。这种燃烧在接近室温的条件下完成能量转换,有可能大幅度降低热损失,提高总的能量转化效率。目前,大多数内燃机的能量转化效率仅为 20%~30%,如果能提高 5%,相应的燃料节约即可达 25% 以上。提高能量转化效率的好处之一是,燃烧过程本身不再产生新的温室气体或增加新的环境污染,这对于能源安全、环境安全、国防安全和经济发展都具有极大的意义。

第一台实用的蒸汽机:纽科门蒸汽机

蒸汽机是一种利用蒸汽作为工作流体进行机械做功的热力发动机。蒸汽机可利用蒸汽压力产生的动力推动活塞在气缸内来回移动。该推力可以通过连杆和曲柄转化为旋转力以进行工作,如图所示。术语"蒸汽发动机"通常仅适用于刚刚描述的往复式发动机,而不适用于蒸汽涡轮机。蒸汽机是外燃机，其工作流体与燃烧产物分离。用于分析该过程的理想热力学循环称为朗肯循环。在一般用法中，术语"蒸汽机"可以指完整的蒸汽装置（包括锅炉等），例如铁路蒸汽机车和便携式发动机，也可以指单独的活塞或涡轮机械，例如梁式发动机和固定蒸汽机引擎。

德国弗莱贝格银矿"Alte Elisabeth"采用瓦特改进型于1848年设计制造的蒸汽机

最早的蒸汽机是公元1世纪亚历山大港的希罗（Hero of Alexandria）的科学发明，例如风离心机，但直到17世纪人们才尝试将蒸汽用于实际目的。1606年，比奥蒙特（Jerónimo de Ayanzy Beaumont）为其第一台用于矿井排水的蒸汽驱动水泵的发明申请了专利。托马斯·萨弗里（Thomas Savery）被认为是第一个商用蒸汽动力设备的发明者，该设备是一种直接在水面上使用蒸汽压力运行的蒸汽泵。1698年，托马斯·萨弗里获得了带有手动阀门的泵的专利，该泵可通过冷凝蒸汽产生的吸力从矿井中抽水。

大约在1712年，另一位英国人托马斯·纽科门（Thomas Newcomen，1663—1729）开发了一种更高效的蒸汽机，其活塞可以将冷凝蒸汽与水分开。

这台由纽科门引入的第一台蒸汽机是"大气"发动机。在动力冲程结束时，被发动机移动的物体的重量将活塞拉到汽缸顶部，同时蒸汽被引入。然后，通过喷水使汽缸冷却，导致蒸汽凝结，在汽缸内形成部分真空。大气压力将活塞下推，从而抬升工作物体。

纽科门蒸汽机

纽科门和他的助手约翰·卡利在达特茅斯发明的史无前例的蒸汽大气发动机标志着18世纪初实用热力原动机发展的开端。这项发明不仅传遍了欧洲，还传到了新世界的康沃尔矿区，成为世界历史上具有战略意义的创新之一，也是随后蒸汽机历史中最伟大的综合性创新。

这种发动机是纽科门系列发动机的代表，也被称为"火车"（fire engines），其原理是通过将蒸汽从略高于大气压的压力下冷凝来创造真空。这台小型的22英寸直径的汽缸发动机，其早期历史不详，但可追溯到1800年之前，是纽科门第一台机器的直接后裔。

纽科门蒸汽机的工作原理基于大气压与真空的作用。以下是其基本工作过程：

（1）蒸汽充填：蒸汽被引入汽缸，将活塞推至顶部。

（2）冷却凝结：通过向气缸喷洒冷水，使蒸汽冷凝，形成部分真空。

（3）大气压力驱动：大气压力将活塞推回汽缸底部，从而提升连杆另一端的泵杆，实现抽水。

这种设计的创新之处在于利用大气压作为驱动力，解决了矿井排水问题，为采矿业带来了巨大的效率提升。

瓦特（James Watt，1736—1819）注意到，需要大量的热量将汽缸加热到蒸汽可以进入汽缸而不立即凝结的程度。当汽缸足够热以充满蒸汽时，下一次动力冲程就可以开始。

尽管纽科门蒸汽机的效率较低，但其简单可靠的设计奠定了现代蒸汽机发展的基础。瓦特在纽科门蒸汽机的基础上进行了重要改进，例如增加了独立冷凝器，显著提高了蒸汽机的效率，推动了工业革命的进程。纽科门蒸汽机因此被视为蒸汽机历史上最伟大的综合性创新之一，对后来的技术进步产生了深远影响。

瓦特的改进提高了蒸汽机的效率

瓦特在 1765 年做出了一项重大改进，将废蒸汽转移到一个单独的容器中进行冷凝，从而大大提高了每单位燃料消耗所获得的做功量。瓦特通过添加单独的冷凝器来避免每个冲程加热和冷却汽缸，从而极大地改进了纽科门发动机。随后，瓦特开发了一种新型发动机，该发动机使用可旋转轴，而不是提供泵的简单上下运动，并且他还添加了许多其他改进可被用于发电厂。

瓦特蒸汽机示意图

瓦特蒸汽机（Watt steam engine），又称博尔顿 - 瓦特蒸汽机（Boulton and Watt steam engine），是一种由瓦特设计的早期蒸汽机，是工业革命的推动力之一。瓦特在 1763—1775 年，在博尔顿（Matthew Boulton, 1728—1809）的支持下，零星地展开设计。

与早期其他人设计的蒸汽机（如纽可门蒸汽机）相比，瓦特设计的蒸汽机节省了更多的燃料。1776 年，瓦特设计的蒸汽机开始商业化，此后瓦特持续改进自己设计的蒸汽机。瓦特蒸汽机的设计成为蒸汽机的代名词，许多年后才出现显著的新设计取代了瓦特的基本设计。

瓦特意识到，通过增加一个单独的冷凝气缸可以节省加热气缸所需的热量。当动力气缸充满蒸汽时，阀门打开，允许蒸汽流入次级气缸并在其中凝结，从而将蒸汽从主气缸抽出，产生动力冲程。冷凝气缸用水冷却以保持蒸汽凝结。在动力冲程结束时，阀门关闭，动力气缸可以在活塞移动到顶部时充满蒸汽。结果是与纽科门设计相同的循环，但无须冷却动力气缸，后者可以立即准备进行下一次冲程。

瓦特在几年间不断改进设计，发明并引入了冷凝器，几乎改进了设计的每个部分。特别是瓦特进行了大量的试验，研究如何在气缸中密封活塞，从而显著减少动力冲程期间的泄漏，防止功率损失。所有这些改进产生了更可靠的设计，使用一半的煤就能产生相同的功率。

这种新设计商业化的首个例子是出售给卡隆公司铁厂。瓦特继续改进发动机，并于 1781 年引入了使用日行星齿轮将发动机的线性运动转换为旋转运动的系统。这不仅使其在原来的抽水角色中有用，还可以直接替代以前使用水轮的场合。这是工业革命的一个关键时刻，因为动力源现在可以位于任何地方，而不再需要适合的水源和地形。瓦特的合伙人博尔顿开始开发多种利用这种旋转动力的机器，建立了第一个现代化的工业工厂——索霍铸造厂，该厂反过来又生产了新设计的蒸汽机。瓦特的早期发动机与最初的纽科门设计相似，使用低压蒸汽，所有的动力都由大气压力产生。当 19 世纪初其他公司引入高压蒸汽机时，瓦特由于安全问题不愿跟进。

为了提高发动机的性能，瓦特开始考虑使用更高压的蒸汽，以及在双动概念和多膨胀概念中使用多个气缸的设计。这些双动发动机需要发明平行运动机制，使单个气缸的活塞杆可以沿直线移动，保持活塞在气缸中的直线运动，同时摇杆端通过弧线移动，类似于后来的蒸汽机中的横头。

瓦特蒸汽机的改进是工业革命中的一项革命性发明，极大地推动了机械化和工业生产的发展。以下是关于瓦特蒸汽机更详细的介绍。

瓦特的改进主要集中在提高蒸汽机的效率和实用性上，他的创新使蒸汽机成为一种更加可靠和高效的动力源。以下是瓦特蒸汽机的关键改进：

分离冷凝器

原理：瓦特设计了一种独立于气缸的冷凝器，使蒸汽可以在冷凝器中冷却和凝结，而不是在气缸内。

优势：这种设计显著减少了气缸内的热量损失，因为气缸可以保持热状态，从而提高了蒸汽机的整体效率。瓦特于1769年获得了这项发明的专利。

双作用蒸汽机

原理：瓦特的设计允许蒸汽在气缸的两端交替作用，即蒸汽推动活塞向两个方向运动，而不是像纽科门的单作用蒸汽机那样只在一个方向上起作用。

优势：这使得蒸汽机的动力输出更加平稳，并且显著增加了动力输出和效率。

离心调速器

原理：瓦特发明了一种离心调速器，用于自动调节蒸汽机的速度。调速器通过离心力的变化来调节蒸汽阀的开度，从而控制蒸汽的进入量。

优势：这种自动调节机制确保了蒸汽机的运转速度恒定，提高了操作的稳定性和安全性。

太阳轮与行星轮系统

原理：这种齿轮系统允许活塞的直线运动转换为旋转运动，使得蒸汽机能够驱动旋转机械，如纺织机和车床。

优势：这种设计拓宽了蒸汽机的应用范围，使其不仅用于抽水，还能用于各种工业机械的驱动。

瓦特蒸汽机的改进对工业革命和后续的技术发展产生了深远的影响：

工业生产	蒸汽机被广泛应用于纺织、冶金、矿业等领域，大大提高了生产效率和产量。工厂制度得以确立，工人集中在大型工厂内工作，推动了生产的集中化和规模化
交通运输	瓦特蒸汽机被用于推动蒸汽火车和蒸汽船的发展，这显著提高了运输效率和运输能力。铁路和航运的发展促进了商品和人员的流动，加速了市场的扩大和经济的全球化
经济与社会	蒸汽机的应用使得大规模生产成为可能，推动了工业化进程，带来了显著的经济增长。城市化进程加速，大量农村人口涌入城市，寻找工厂中的工作机会，改变了社会结构。新的社会阶层（如工业资本家和工人阶级）的出现，带来了新的社会关系和矛盾
技术创新和扩散	瓦特蒸汽机的成功激励了其他领域的技术创新，如冶金、化工和机械制造。英国成为世界工业的中心，并将其技术和经验传播到欧洲大陆和北美，推动了全球工业化进程

瓦特改进的蒸汽机不仅是一项技术发明，更是推动工业革命的重要动力。通过提高蒸汽机的效率和适用性，瓦特的创新为现代工业社会奠定了基础，对全球经济和社会的发展产生了深远而持久的影响。

火车跑得还没有马快

我们知道，早期的火车是用蒸汽机作为动力。蒸汽机是能够将水蒸气中的动能转换为功的热机，由于其中的燃烧过程在热机外部进行，属于热机中的外燃机。泵、火车头和轮船曾使用蒸汽机驱动。蒸汽机在工业革命中作用甚大，为其他机械提供动力，且其操作不受地理位置及天气情况影响。今天的核能发电及火力发电仍使用蒸汽涡轮发动机来将热能转换为电能。

早期的蒸汽动力火车的运行速度比马跑得还慢（图片仅供示意）

91

早在 1769 年，尼古拉斯·约瑟夫·库格诺（Nicholas-Joseph Cugnot）在法国就建造了一辆笨重的公路蒸汽机车。英国的理查德·特雷维西克（Richard Trevithick）是第一个在铁路上使用蒸汽机车的人。1803 年，他制造了一台蒸汽机车，并于 1804 年 2 月在威尔士的马车路线上成功运行。1829 年，英国工程师斯蒂芬森（George Stephenson，1781—1848）的"火箭号"队将蒸汽机应用于铁路，取得了商业上的成功。第一艘实用汽船是拖船 Charlotte Dundas，由 William Symington 建造，并于 1802 年在苏格兰福斯和克莱德运河试航。1807 年富尔顿（R. Fulton，1765—1815）将蒸汽机应用在了美国的一艘客船上。

到了 19 世纪，固定式蒸汽机为工业革命的工厂提供了动力。蒸汽机取代了明轮船上的船帆，蒸汽机车在铁路上运行。直到 20 世纪初，往复活塞式蒸汽机一直是主要的动力来源。直到 1922 年前后，固定式蒸汽机的效率急剧提高。最高的朗肯循环效率为 91%，综合热效率为 31%，分别于 1921 年和 1928 年得到论证并发表。电动机和发动机设计的技术进步，使内燃机逐渐取代了商业用途里的蒸汽机。由于成本更低、运行速度更快、效率更高，蒸汽轮机（汽轮机）在发电中取代了往复式发动机。请注意，小型蒸汽轮机的效率比大型蒸汽轮机低得多。

在蒸汽机中，通常由锅炉提供的热蒸汽在压力下膨胀，部分热能转化为做功。可以允许剩余的热量逸出，或者为了最大的发动机效率，可以在相对较低的温度和压力下在单独的装置、冷凝器中冷凝蒸汽。为了获得高效率，蒸汽由于在发动机内的膨胀而必须在很宽的温度范围内下降。通过使用低冷凝器温度和高锅炉压力可以确保最有效的性能，即与所提供的热量相关的最大功输出。蒸汽可以通过从锅炉到发动机的途中经过过热器来进一步加热。常见的过热器是一组平行管道，其表面暴露在锅炉炉膛中的热气体中。通过过热器，蒸汽可以被加热到超过沸水产生的温度。

在往复式发动机（活塞和汽缸类型的蒸汽发动机）中，压力下的蒸汽通过阀门机构进入汽缸。当蒸汽膨胀时，它会推动活塞，活塞通常连接到飞轮上的曲柄以产生旋转运动。在双作用发动机中，来自锅炉的蒸汽交替进入活塞的每一侧。在简单的蒸汽机中，蒸汽的膨胀仅发生在一个汽缸中，而在复合发动机中，有两个或多个汽缸，其尺寸不断增大，以实现更大的蒸汽膨胀和更高的效率；第一个也是最小的活塞由初始高压蒸汽驱动，第二个活塞由第一个活塞排出的低压蒸汽驱动。

在蒸汽轮机中，蒸汽通过喷嘴高速排出，然后流经一系列固定和移动的叶片，导致转子高速移动。蒸汽轮机比往复式蒸汽机更紧凑，通常允许更高的温度和更大的膨胀比。涡轮机是用于利用蒸汽产生大量电力的通用装置。

第一次工业革命让机器解放了人力

工业革命有时被划分为第一次工业革命和第二次工业革命，是人类经济向更广泛、高效和稳定的制造过程转变的全球性过渡时期，这一时期接续了农业革命。工业革命始于英国，随后扩展到欧洲大陆和美国，时间大致从1760年持续到1820—1840年。此过渡包括：从手工生产方法向机械化转变；新的化学制造和铁生产工艺的应用；水力和蒸汽动力的日益广泛使用；机床的发展；机械化工厂系统的兴起。工业产量大幅增加，导致人口和人口增长率空前上升。纺织业是首个使用现代生产方法的行业，纺织品在就业、产值和投资方面成为主导产业。

许多技术和建筑创新起源于英国。到18世纪中叶，英国已成为世界领先的商业国家，控制着一个全球贸易帝国，拥有北美和加勒比地区的殖民地。通过东印度公司的活动，英国在印度次大陆，特别是在原本工业化的莫卧儿帝国孟加拉，拥有主要的军事和政治霸权。贸易的发展和商业的兴起是工业革命的主要原因之一。法律的发展也促进了这一革命，例如法院裁定有利于产权的判决。企业家精神和消费者革命推动了英国的工业化，在 1800 年后，这一模式被比利时、美国和法国所模仿。

工业革命标志着历史上的一个重大转折点，在某种程度上影响了日常生活的各个方面，特别是平均收入和人口开始表现出前所未有的持续增长。一些经济学家认为，工业革命最重要的影响是西方世界普通民众的生活水平开始首次持续提高，尽管另一些人认为这种显著的改善直到 19 世纪晚期和 20 世纪才开始显现。人均 GDP 在工业革命和现代资本主义经济出现之前大体稳定，而工业革命开启了资本主义经济体中人均经济增长的时代。经济史学家一致认为，工业革命的开始是自动物和植物驯化以来人类历史上最重要的事件。

工业革命的确切开始和结束时间仍然存在争议，经济和社会变化的速度也在讨论之中。剑桥历史学家利·肖 - 泰勒（Leigh Shaw-Taylor）认为，英国在 17 世纪已经开始工业化，"我们的数据库显示，企业和生产力的增长在 17 世纪已经改变了经济，为世界上第一个工业经济奠定了基础。到 1700 年，英国已经是一个制造国，英国的历史需要重写"。埃里克·霍布斯鲍姆（Eric Hobsbawm）认为，工业革命在 18 世纪 80 年代的英国开始，并在 19 世纪 30 年代或 19 世纪 40 年代才完全显现，而 T.S. 阿什顿（T. S. Ashton）认为这一过程大致发生在 1760—1830 年。18 世纪 80 年代，英国迅速采用了机械化纺织品纺纱技术，1800 年后蒸汽动力和铁生产的高增长率随之而来。机械化纺织品生产在 19 世纪初从英国扩展到欧洲大陆和美国，比利时和美国成为重要的纺织、铁和煤炭中心，法国后来也成为纺织品中心。

从 19 世纪 30 年代晚期—19 世纪 40 年代初期，经济出现衰退，此时工业革命早期创新技术的采用，如机械化纺纱和织布，随着市场的成熟而放缓，尽管火车、蒸汽船以及热风铁冶炼技术的采用日益增多。新技术如电报在 19世纪 40 年代和 19 世纪 50 年代在英国和美国被广泛引入，但不足以驱动高经济增长率。

1870 年后，新一轮创新带来了新的快速经济增长，这一时期被称为第二次工业革命。包括新的钢铁制造工艺、大规模生产、装配线、电网系统、大规模机床制造和蒸汽动力工厂中越来越先进的机械使用等创新。

工业革命带来了一系列经济、技术和社会变革。这一时期的变革深刻地改变了生产方式、社会结构以及经济模式，主要特征如下：

技术创新

蒸汽机的发明和应用：詹姆斯·瓦特改进了蒸汽机，使其成为工业革命的动力源泉，广泛应用于纺织、矿业、交通运输等领域。

纺织机械的革新：如珍妮纺纱机、水力纺纱机和机械织布机的发明，提高了纺织品生产的效率和产量。

生产方式的变化

工厂制度：手工劳动被机器生产取代，工厂成为主要的生产单位，工人集中在工厂内工作，形成了新的劳动力组织形式。

大规模生产：生产由小规模的手工作坊转向大规模的机械化工厂，生产效率和产量大幅提高。

交通运输的改进

铁路和蒸汽船的发展：铁路网的建设和蒸汽船的普及极大地改善了货物和人员的运输效率，促进了市场的扩大和经济的全球化。

经济和社会结构的变化

城市化：由于工厂需要大量劳动力，大量农村人口迁移到城市，城市规模迅速扩大。

社会阶层的变化：工业资本家和工人阶级成为新的社会阶层，传统的农业社会结构被打破，出现了新的阶级矛盾和社会问题。

能源利用的转变

煤炭的广泛使用：作为主要的能源来源，煤炭取代了传统的木材和水力，推动了工业的快速发展。

工业革命带来了显著的经济增长和生产力提升，同时也引发了一系列社会问题，如工人工作条件恶劣、环境污染等。这一时期的变革奠定了现代工业社会的基础，对全球历史进程产生了深远影响。

热火朝天的工厂

热力学第一定律指出：能量不能被创造或破坏，但可以转移。热是能量的一种形式，因此热力学过程服从能量守恒定律。根据大英百科全书的说法，这意味着热能不能被创造或破坏。然而，它可以从一个位置转移到另一个位置，并转换为其他形式。

热力学第一定律最常见的实际应用是热机。热机将热能转化为机械能，反之亦然。大多数热机属于开放系统的范畴。当气体被加热时，它会膨胀；但是，当阻止该气体膨胀时，它的压力会增加。如果密闭室的底壁是可移动活塞的顶部，则该压力会在活塞表面施加一个力，使其向下移动。可以利用这种运动做功，所做的功等于施加在活塞顶部的总力乘以活塞移动的距离。

热力学第二定律也是热力学基本定律之一。该定律的克劳修斯表述为：热量不能自发地从低温物体转移到高温物体；开尔文表述为：不可能从单一热源取热使之完全转换为有用的功而不产生其他影响；熵增原理：不可逆热力过程中熵的微增量总是大于零。在自然过程中，一个孤立系统的总混乱度（即"熵"）不会减小。

热力学第一定律断言，在任何涉及系统与其周围环境之间的热交换和做功的过程中，能量必须是守恒的。违反第一定律的机器将被称为第一类永动机，因为它可以无中生有地制造自己的能量，从而永远运行。即使在理论上，这样的机器也是不可能存在的。

熵是一种测量在动力学方面不能做功的能量总数，也就是当总体的熵增加，其做功能力也下降，熵的量度正是能量退化的指标。熵亦被用于计算一个系统中的失序现象，也就是计算该系统混乱的程度。熵是一个描述系统状态的函数，但是经常用熵的参考值和变化量进行分析比较，它在控制论、概率论、数论、天体物理、生命科学等领域都有重要应用，在不同的学科中也有引申出的更为具体的定义，是各领域十分重要的参量。

焓是热力学中的一个重要概念，表示系统的总能量，包括系统的内能和在一定压强下体积所做的功。在热力学中，焓表示系统在恒压条件下的能量状态变化。焓的变化（ΔH）代表了系统在一定压强下吸收或释放的热量，因此焓常用于分析化学反应中的热效应、相变过程（如熔化、蒸发）以及工程中的能量转换过程。$\Delta H > 0$ 表示系统吸热（吸收热量），即反应为吸热反应；$\Delta H < 0$ 表示系统放热（释放热量），即反应为放热反应。

焓的实际应用场景包括：

化学反应：即焓变化用于衡量反应物与生成物之间的能量差，帮助预测反应是吸热还是放热；

相变过程：即如熔化、汽化等，焓帮助计算物质从一种相转变到另一种相时所需的热量；

工程和能源系统：即焓在蒸汽轮机、制冷、内燃机等应用中用于分析能量效率。

焓与热力学第一定律

焓结合了内能与体积功，体现了系统能量在恒压过程中的变化，因此在能量传递和热效应分析中极具意义。焓为研究热力学过程提供了一个简化工具，尤其是在涉及恒压条件的复杂系统中。

为了更加精确地描述系统的热力学变化动力学过程，在此，我们特别引入两个创新字：烞来描述能量变化的速度或焓变化的速度；熸来能量变化的加速度或者焓变化的加速度。

熵、焓、熔和燨的定义与区别

	熵	焓	熔	燨
希腊字根	εκτροπια, ektropia, Greek word for "transformation"	διασχίζω(travers)+ θάλπος (thalpos) "warmth, heat"	διασχίζω (travers)+ θάλπος (thalpos)	έκρηξη (erupt)+ θάλπος (thalpos)
英语	entropy 源意 "外向性"	Enthalpy 英文为希腊字根 "外向性+热能量" 合成	Traverthalpy 英文为希腊字根 "越+热能量" 合成	erupthalpy 英文为希腊字根 "爆发+热能量" 合成
物理单位（SI）	焦耳/卡尔文（J/K）	焦耳（J）	焦耳/秒（J/s）	焦耳/（秒·秒）（J/s²）
物理意义	熵表述一个系统中的混乱程度	焓是热力学系统内能与压力与体积的乘积的总和	描述能量变化的速度或熔变化的速度	能量变化的加速度或者熔变化的加速度
物理定义 其中 S 代表熵，H 代表焓，U 是内能，p 是压力，V 是体积	$\Delta S = \dfrac{Q}{T}$ 在一个可逆过程里，系统在恒温的情况下得到或失去热量 Q	$H = U + pV$	$\dfrac{\partial H}{\partial t} = \dfrac{\partial U}{\partial t} + \dfrac{\partial(pV)}{\partial t}$	$\dfrac{1}{\partial t}\left(\dfrac{\partial H}{\partial t}\right)$ $= \dfrac{1}{\partial t}\left[\dfrac{\partial U}{\partial t} + \dfrac{\partial(pV)}{\partial t}\right]$ $= \dfrac{1}{\partial t}\left(\dfrac{\partial U}{\partial t}\right)$

续表

	熵	焓	熔	燔
简明解释	当熵增加时，能量逐渐散布到整个系统中，使得系统的无序度提升。为系统内的"混乱"或"随机性"的程度	熵在科学研究、工程应用和政策制定中扮演着重要角色，影响能源使用和环境保护等多方面的社会问题	描述物质在空间中穿梭时熔的变化过程，熔变化的方向与空间分布，可能涉及温度、压力或相变等	爆发过程中的焓变化的烈度，热能释放速度或动能的释放，例如一些快速爆发或突变相变过程
广泛含义	自然过程的不可逆性；时间箭头和宇宙演化；信息论中的"不确定性"或"信息量"；生命系统的组织、能源效率与资源利用；复杂系统的无序现象；环境系统的稳定性与脆弱性等	焓在恒压条件下吸收或释放的热量。理解物质和能量在不同条件下的行为，对技术创新和工业应用具有广泛的推动作用。如理解能源转换过程，和优化能源和环境保护，科研与教育等	手电筒的颜色、形状与功率等决定光传播的距离与方向。靶向投放宣传效果、靶向药物治疗效果、化学反应速度、网红效应速度，资回报、银行挤兑等都是信息传播量与能量载体共生共存	爆破的冲击力，冲击力的大小决定能穿透能力。突发性社会事件、地震、火山爆发、原子弹爆炸、化工厂爆炸、心脏骤停、股市崩盘、银行挤兑、战争冲突、网红效应等具有强大信息与能量冲击力的事件
哲学意义	无序与秩序之间的辩证关系，时间的不可逆性	内部能量状态与变化，或者潜在的能力	能量与信息的传播速度。星星之火可以燎原	从量变到质变的冲击力，变化的速度会决定最终的结果

5 烛火

决定世间万物生长的尺度定律

决定世间万物的尺度定律

尺度定律描述了两个物理量之间的函数关系，这些物理量在相当大的时间间隔内彼此成比例。幂律行为就是一个例子，其中一个量随着另一个量的幂而变化。

尺度定律（scaling laws）是自然界中一种普遍存在的规律，描述了系统在不同空间或时间尺度下的行为模式。这些定律在物理学、生物学、地球科学等领域都有广泛的应用。以下是尺度定律的一些重要意义。

1. 普适性和普遍性：尺度定律是普适的，即它们在不同的自然系统和现象中都能够被观察到。这使得我们在研究不同的科学领域时可以使用相似的数学和物理框架。

2. 简化模型：尺度定律提供了一种简化复杂系统的方法。通过识别关键的尺度关系，研究人员可以将问题简化为更容易理解和分析的形式，从而更好地理解系统的行为。

3. 预测性：尺度定律使科学家能够对系统在不同尺度下的行为进行预测。通过了解系统在一个尺度上的性质，我们可以推断它在其他尺度上的行为，这对于设计实验和解释观测结果非常重要。

4. 工程应用：在工程领域，尺度定律对于设计和优化系统至关重要。通过理解系统在不同尺度下的特性，工程师可以更好地设计出高效和可靠的系统。

5. 生态学和环境科学：在生态学和环境科学中，尺度定律有助于理解生态系统的动态变化。例如，物种多样性、能量流和生态系统稳定性等方面的尺度定律可以提供对生态系统功能的深刻理解。

6. 资源管理：尺度定律对于有效地管理资源也很关键。在农业、水资源管理和能源系统中，了解尺度效应有助于制定更可持续的管理策略。

尺度定律为我们提供了一种观察和理解复杂系统的方式，使我们能够在不同的科学和工程领域中更好地应用这些原则，推动科学研究和实践的发展。尺度定律为理解在不同尺度上系统的组织和行为提供了一个框架，并在从物理学和工程到生物学和社会科学的各个领域中具有应用。

尺度定律作为一种普遍存在于自然界的规律，在不同学科领域中都有着广泛的应用和重要的意义。进一步扩展尺度定律的意义和应用包括：

1. 生物学和生态学：尺度定律在生物学和生态学中具有深远的影响。生态系统的各种属性，如生物多样性、生态位特征、种群动态等，都受到尺度效应的影响。研究人员通过尺度定律可以更好地理解不同尺度下的生态系统结构和功能。这有助于生态学家预测生态系统的稳定性，了解生态系统的生态位分布，以及在不同尺度下的资源利用模式。

2. 地球科学和气象学：在地球科学领域，尺度定律也扮演着关键的角色。例如，地球表面的地貌和地质特征在不同尺度下都表现出不同的形态，而地质变化的时间尺度也影响着地球的演化。在气象学中，气候系统在全球、区域和局部尺度下都存在不同的尺度效应，这影响了天气和气候的预测和模拟。尺度定律的应用有助于更好地理解自然界中的地理和气象现象。

3. 社会科学和经济学：尺度定律不仅适用于自然系统，还可以在社会科学领域找到应用。社会系统也表现出尺度效应，例如，城市规模与资源利用、犯罪率和经济活动之间存在关联。经济学家可以使用尺度定律来分析不同国家或地区的经济增长和发展模式，以制定更具效益的政策。

4. 数据科学和人工智能：在数据科学和机器学习领域，尺度定律也发挥着关键作用。数据集的规模和维度对于机器学习算法的性能有着重要影响。研究人员使用尺度定律来理解大规模数据集的特性，以更好地处理和分析数据，提高模型的准确性。

5. 环境保护和可持续发展：尺度定律对于环境保护和可持续发展的决策制定具有指导作用。通过理解不同尺度下资源利用、生态系统功能和社会影响之间的相互关系，政府和环保组织可以更好地制定政策，以确保资源的可持续利用和环境的保护。

6. 教育和科学普及：尺度定律也对教育和科学普及产生积极影响。它可以帮助学生更好地理解科学原理和自然界的规律，激发他们对科学的兴趣。科普工作者和教育家可以利用尺度定律来解释各种自然现象，使科学知识更容易被广泛理解和接受。

7. 网络科学和社交网络：尺度定律在网络科学中发挥着关键作用。例如，互联网和社交媒体上的网络结构表现出幂律分布，即少数节点具有极大的连接度，而大多数节点具有较少的连接度。这种性质有助于更好地理解信息传播、疾病传播和社交互动在网络中的传播方式，为优化网络设计和社交网络分析提供了依据。

8. 医学和生物医学领域：尺度定律也在医学和生物医学领域有着应用。例如，生物学中的生物多样性分布表现出尺度效应，这有助于研究生态系统的稳定性和生物多样性维护。在医学中，疾病的传播和病例分布也受到尺度定律的影响，这对于疾病控制和流行病学研究至关重要。

9. 气候科学和环境变化：尺度定律在气候科学和环境科学中具有重要作用。气象现象和气候模式在不同时空尺度下表现出不同的行为，这对于气候预测和环境变化的研究至关重要。了解尺度效应有助于更好地理解气候变化、海平面上升、自然灾害等问题。

10. 宇宙学和天文学：尺度定律在宇宙学和天文学中也有应用。宇宙中的星系、星团和星际介质在不同尺度下都表现出不同的物理特性。了解尺度定律有助于研究宇宙演化、宇宙背景辐射等宇宙学现象。

11. 交通规划和城市发展：在城市规划和交通领域，尺度定律用于优化交通流、城市规划和土地利用。了解交通和城市规模对于减少交通拥堵、提高城市可持续性和改善城市居民的生活质量具有重要意义。

尺度定律作为一种普适性的自然规律，横跨了多个学科和领域，为科学研究、工程应用和社会发展提供了重要的指导。它不仅深化了我们对自然界的认识，还为解决众多复杂问题提供了理论基础和分析工具。

尺度定律在多个学科和领域中都具有广泛的应用和重要的意义。它们有助于理解不同尺度下系统的行为和相互关系，为解决科学问题和社会挑战提供了框架和工具。尺度定律的研究和应用不仅丰富了我们对自然界的认识，还有助于推动科学研究和实践的发展。

蚂蚁比大象力气大

我们注意到大自然，很多动物的基础代谢率水平与体重的 3/4 次幂成正比。这就是克莱伯定律（Kleiber's law），该定律得名于 20 世纪 30 年代早期瑞士农业生物学家马克斯·克莱伯（Max Kleiber，1893—1976）的生物学著作。1932 年，他得出结论：体重的 3/4 次方是预测动物基础代谢率（BMR）和比较不同体型动物营养需求的最可靠依据。他 1961 年出版的《生命之火》（*Fire of Life*）一书讨论了理解能量代谢的基础概念。

若用符号表示，设 B 为该动物的代谢率，M 是其质量，则 $B \propto M^{3/4}$。如一只猫的质量 2 kg 是一只老鼠质量 0.2 kg 的 100 倍，它的代谢量（能量消耗量）只比老鼠约大 31.6 倍。而一只大象的质量 5000 kg 是一只老鼠质量 0.2 kg 的 25 000 倍，它的代谢量只比老鼠约大 1988.2 倍。可以看出来，越是体型大的动物，其新陈代谢的速率就越慢。换句话说，老鼠的生命消耗功率比猫高 3.16 倍，比大象高 12.6 倍。克莱伯定律对于植物系统也有类似的效果。在自然界中，维持它们的生存需要相对较少的能量，大型动植物的寿命往往比小型动植物要长得多。

当我们仔细观察周围的世界时，我们可能会注意到自然界中的动植物有不同尺寸与大小。那么，我们好奇地问一下，究竟是什么决定这些大小不同尺寸的变化？大家可能注意到：

- 蚂蚁可以举起自己体重 100 倍的物体，而大象却不能？
- 树能够长很高，小草却不能，而苔藓只能够生存在石头与树木的表面？
- 昆虫多有硬壳，而软体动物多生活在潮湿环境中。

尺度定律是自然科学领域中一种常见的现象描述和规律性表达的方式，通过对变量之间关系的幂律函数进行建模，揭示了不同尺度下系统之间的普遍性和自相似性。这一概念贯穿于物理学、生物学、地球科学等多个学科，对于理解复杂系统的行为和演变具有重要价值。

大象可以举起自身体重 5% 的重物

尺度定律，也被称为幂律，描述了两个变量之间的关系，由幂律函数表示。换句话说，一个变量是另一个变量的幂。尺度定律在各种科学学科中很常见，表示为 $y = ax^b$，其中，x 和 y 是变量，a 是常数，b 是尺度指数。

尺度定律的一个重要特征是幂律形式的普遍性。无论是在物理学的湍流流动中、地质学的地震活动中，还是在生态学的种群动态中，幂律函数都提供了一种简洁而强大的工具，用以描述随着尺度变化而变化的现象。这种普适性揭示了自然界中一些基本规律的存在，不同系统在不同尺度下表现出相似的行为。

自相似性是尺度定律的另一个显著特征。自相似性意味着系统在不同尺度上呈现出相似的模式。一个经典的例子是分形几何学，其中的图案在不同缩放下仍然保持相似性。这种自相似性的观念在很多自然和人造系统中都能够观察到，从山脉的地形到城市的街道网络。

蚂蚁能够举起自身体重 100 倍的物体。普通人大约可以举起自身体重 50%～60% 的物体，即使是举重运动员，其举重纪录一般不超过其体重的 2 倍。

尺度定律的普遍性还表现在不同学科和领域之间。例如，在生物学中，生物体的新陈代谢率、生命历程的持续时间等都可以通过尺度定律进行描述。而在地球科学领域，地震的能量释放和频率分布也遵循尺度定律。这种跨学科的普适性说明了尺度定律的强大和灵活性。

尺度定律有时与系统的临界性联系在一起。在某些系统中，当系统接近某一临界点时，尺度定律的形式可能发生变化，系统的行为表现出明显的不同。这对于理解相变和相变点的性质至关重要，是尺度定律在相对复杂系统中的一种应用。

自然界中存在许多体现尺度定律的不同学科和现象。以下是一些例子：

城市规模和基础设施：根据尺度定律，城市的人口规模与城市内基础设施的规模之间存在关系。较大的城市通常需要更多、更大型的基础设施，如道路、交通系统和水处理厂。

动物体积和代谢率：尺度定律显示，动物的代谢率与其体积的 3/4 次方成正比。这解释了为什么体积较大的动物相比于体积较小的动物需要更多的能量来维持其生命活动。

河流网络：河流网络的分支模式呈现出分形特性，这与尺度定律有关。河流的分支结构在不同尺度上呈现相似的几何形状。

种群密度和资源利用效率：在生态学中，尺度定律表明，种群密度与资源的利用效率之间存在关系。较高的种群密度可能导致资源的迅速枯竭，从而影响整个生态系统。

地震能量与频率：地震的能量释放与其频率之间存在尺度定律。较小的地震比大地震更频繁发生，而大地震释放的能量更大。

光谱线的频率与波长：在物理学中，光谱线的频率与波长之间存在尺度定律。这对于分析和解释光谱学数据具有关键作用。

植物生长和树木分支结构：植物生长和树木分支结构表现出分形和尺度定律。这些规律有助于理解植物形态的生成和演化。

颗粒物质的沉积速率：在河流和湖泊中，颗粒物质的沉积速率与其粒径之间存在尺度定律。较小的颗粒比较大的颗粒沉积速率更慢。

气象系统中的飓风强度与频率：飓风的强度与其频率之间存在尺度定律。更强烈的飓风发生的频率较低，而较弱的飓风更为常见。

星系中的恒星质量和数量：在宇宙学中，星系中恒星的质量与其数量之间存在尺度定律。较大的星系通常包含更多和更庞大的恒星。

这些例子凸显了尺度定律在自然界中的广泛应用，从生物学到地球科学，再到宇宙学。这些规律帮助科学家理解和描述不同尺度下系统的普遍性和自相似性。

在讨论尺度定律时，不可忽视的是分形性的概念。分形性是一种具有自相似性的几何图形，其在尺度上的变化呈现出统一的形态。许多自然界中的现象，如云朵的形态、树木的分支结构等，都可以通过分形理论和尺度定律进行解释。

尽管尺度定律的应用非常广泛，但它们并非没有挑战。有时在实际系统中找到尺度定律可能需要大量的数据和复杂的数学处理。此外，在一些情况下，系统可能存在多尺度行为，这使得尺度定律的建模变得更加复杂。

在尺度定律的研究中，一个引人注目的领域是复杂网络和系统的建模。尺度定律为我们提供了一种洞察和理解网络结构与复杂系统行为的方式。通过对网络中节点度分布的分析，可以发现许多网络都呈现出幂律分布，这表明网络中存在一些节点拥有比其他节点更多的连接。这对于了解网络的稳健性和脆弱性具有重要意义。

在最近的研究中，尺度定律的概念还被引入到人工智能和机器学习领域。这种应用尺度定律的新趋势旨在更好地理解和优化复杂的计算系统。

核裂变之火源于一条细细的红线

核裂变是一种原子核分裂成两个质量相近或多个更小（发生概率很小）的原子核的反应，同时放出中子，释放巨大能量。裂变一词的含义是"分裂或分裂成部分"。核裂变是通过分裂原子释放热能的过程，其惊人的发现建立在爱因斯坦的质量能量转化理论基础上。当一个大且不稳定的同位素（质子数相同但中子数不同的原子）受到其他高速粒子（通常是中子）轰击时，核裂变就会发生。这些中子被加速，然后撞击不稳定的同位素，导致其分裂为两个较小的同位素（裂变产物）、三个高速中子和大量能量。

核裂变涉及原子的分裂以释放原子核的结合能。这种能量以热量和辐射的形式释放，核电站利用这种热能将水煮沸成蒸汽，从而转动涡轮机并驱动发电机发电。由于核裂变过程使用铀而不是化石燃料来产生热量，因此不会产生碳排放。在核裂变中，中子被加速并撞击目标核，在当今大多数核动力反应堆中，目标核是铀 -235（235U）。这导致目标原子核裂变，分解成两个较小的同位素（裂变产物）、三个高速中子和大量能量，引发连锁反应。铀和钚是用于核动力反应堆的常见裂变材料，因为它们易于引发和控制。

1938 年 12 月 19 日星期一，被称为"核化学之父"与"核裂变教父"的德国化学家哈恩（Otto Hahn，1879—1968，1944 年诺贝尔化学奖获得者）和他的助手施特拉斯曼（Fritz Strassmann，1902—1980）与奥地利 - 瑞典物理学家迈特纳（Lise Meitner，1878—1968）合作发现了重元素的核裂变。哈恩知道发生了原子核的"爆发"。迈特纳在 1939 年 1 月与她的侄子弗里施（Otto Robert Frisch）一起从理论上解释了这一点，他们在 1966 年共同获得费米奖。弗里施通过与活细胞的生物裂变类比来命名该过程。对于重核素，它是一种放热反应，可以释放大量能量，既作为电磁辐射又作为碎片的动能（加热发生裂变的块状材料）。像核聚变一样，想要裂变产生能量，产生元素的总结合能必须大于起始元素的总结合能。

1939 年，由美籍意大利物理学家费米（E. Fermi，1901—1954）领导的科学家团队开始了实验，1942 年在芝加哥大学体育场下建造了世界上第一座核反应堆。核燃料中所含的自由能是类似质量化学燃料中所含自由能的数百万倍，这使得核裂变成为一种非常密集的能源。然而，核裂变产物的平均放射性远高于通常作为燃料裂变的重元素，并且会在很长一段时间内保持这种状态，导致核废料问题。人们对核废料积累和核武器潜在威胁的担忧与和平利用裂变作为能源的期望之间形成了平衡。

每个裂变事件释放的能量约为 2 亿电子伏特（200 MeV），相当于大约 2 万亿开尔文（K）。相比之下，大多数化学氧化反应每次事件最多释放几个电子伏特。因此，核燃料每单位质量包含的可用能量至少是化学燃料的 1000 万倍。核裂变的能量以裂变产物、碎片的动能以及 γ 射线的形式释放；在核反应堆中，当粒子和 γ 射线与构成反应堆的原子及其工作流体碰撞时，能量会转化为热量。

顺便说一下，中子弹（增强型辐射武器）已经被制造出来。它们将大部分能量以电离辐射（尤其是中子）的形式释放出来，但这些依赖核聚变阶段产生额外辐射的热核装置。纯裂变炸弹的能量动力学一直保持在总辐射当量的 6% 左右。中子弹是一种低质量战术氢弹，以高能中子辐射为主要杀伤力，目的是杀伤敌方人员，对建筑物和设施的破坏相对较少，带来的长期放射性污染较低。虽然中子弹从未在实战中使用过，但作为一种具有核武力而又可用的战术武器一直存在。

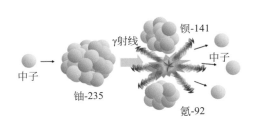

核裂变链式反应示意图

世界上第一个核反应堆芝加哥
1 号堆

重元素的核裂变产生可利用的能量，因为原子序数和原子质量接近 ^{62}Ni 和 ^{56}Fe 的中等质量原子核的比结合能（每质量结合能）大于非常重原子核的核子比结合能，所以当重核分裂时，这种能量就会释放出来。来自单个反应的裂变产物的总静止质量（M_p）小于原始燃料核的质量（M）。过剩质量 $\Delta m = M - M_p$ 是作为光子（γ 射线）释放的能量和裂变碎片的动能的不变质量，即

$$\Delta E = \Delta mc^2 \qquad (5.1)$$

在物理学中，质能等效是系统静止坐标系中质量和能量之间的关系，其中两个值仅相差一个常数和测量单位。由物理学家爱因斯坦首先提出的。该公式将粒子在其静止坐标系中的能量 E 定义为质量（m）与光速平方（c^2）的

乘积。因为光速在日常单位中是一个很大的量（真空中约 3×10^8 m/s），所以该公式意味着少量的静止质量对应于大量的能量，这与物质的成分无关。静止质量，也称为不变质量，是系统静止时测量的质量。它是一种独立于动量的基本物理特性，即使在接近光速的极端速度下也是如此（即它的值在所有惯性参考系中都是相同的）。诸如光子之类的无静止质量粒子的不变质量为零，但无质量的自由粒子既有动量又有能量。等效原理意味着，当化学反应、核反应和其他能量转换过程中失去能量时，系统也会失去相应的质量。能量和质量可以作为辐射能（如光）或热能释放到环境中。该原理是许多物理学领域的基础，包括核物理学和粒子物理学。

 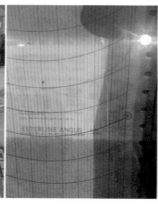 

| 美国能源部橡树岭国家实验室石墨反应堆所用的图形记录仪 | 记录到两个暗红色的曲线是第一次发生链式反应后的记录 | 操作人员插入石墨棒后反应强度降低，而再次拉出石墨棒后，核反应继续进行 |

核武器、裂变弹（不要与聚变弹即氢弹混淆），也称为原子弹或原子弹，是一种裂变反应堆，旨在尽可能快地释放尽可能多的能量，导致反应堆爆炸（连锁反应停止）。虽然核武器中裂变链式反应的基本物理学原理类似于受控核反应堆，但这两种装置的设计必须完全不同。核弹旨在一次释放其所有能量，

而反应堆旨在产生稳定的有用电力供应。虽然反应堆过热会导致并已经导致熔化和蒸气爆炸，但低得多的铀浓缩度使得核反应堆不可能以与核武器相同的破坏力爆炸。冷战结束后，部分退役的核弹被用来提取有用的核材料作为核反应堆的燃料，但这是一个相当复杂的过程。某些场景下，核武器也包括以核能为动力的武器系统，例如核动力航母或核动力潜艇等。

1945 年 7 月 16 日美国曼哈顿研发的第一颗原子弹成功爆炸

　　德国核武器开发计划是一项在"二战"中由纳粹德国秘密领导的研制核武器的项目，德国将其称之为"铀工程"（德语：Uranprojekt）。这个项目开始于 1939 年，仅于核裂变被发现后的几个月，但又在几个月后中止，因为德国入侵波兰，很多科学家被编入德国国防军。但是，由于德国军队中管理上的调整，这个项目又在"二战"开始那天（1939 年 9 月）重新启动。项目最终发展为三个部分：核反应堆、铀和重水生产，以及铀

1954 年 3 月 27 日美国比基尼环礁（Bikini Atoll）上的罗密欧城堡（Castle Romeo）核试验（当量 1100 万吨 TNT）这是第一次在驳船上进行的核试验，驳船位于城堡布拉沃火山口

同位素分离。最后，经过有关部分评估，核裂变对结束战争没有太大的贡献，因此在 1942 年，德国国防军把项目转移到了帝国研究委员会，同时继续提供赞助。从此，这个项目就被九个研究技工所分摊，造成项目进展放缓。另外，

一些研究应用核裂变的科学家离开这个项目，转而去研究一些战争更需要的其他项目。

盟军破坏挪威德军重水厂行动（The Norwegian heavy water sabotage）是"二战"期间在挪威一系列破坏重水（氧化氘）以防止德国发展核能项目的行动。1934 年，在韦莫克，挪威海德鲁公司建成第一所能生产重水，作为生产化肥副产品的商业工厂，年产量为 12 t。"二战"期间，盟军决定移除重水和破坏重水厂，以抑制纳粹发展核武器。袭击的目的是挪威泰勒马克尤坎瀑布的 60 MW 韦莫克电站。在德国入侵丹麦和挪威（1940 年 4 月 9 日）前，Deuxième（法国军事情报）在当时仍然中立的挪威韦莫克工厂移除 185 kg 重水（408 磅）。该工厂的总经理奥贝尔同意在战争期间把重水借给法国。法国偷偷运到奥斯陆、珀斯、苏格兰，然后运到法国。之后重水厂仍然能够生产重水。

盟军仍然关注的是，德军将使用该设施产生更多的重水以支持他们的核武器计划。从 1940 年至 1944 年，一系列的破坏行为，由挪威抵抗运动，以及盟军的轰炸，保证工厂受到破坏和生产重水的损失。这些行动，代号为"松鸡""大一"和"冈纳赛德"（Gunnerside），最终在 1943 年初破坏了工厂的生产。在"松鸡"行动中，英国特种作战执行部队（SOE）成功透过四位挪威公民作为先遣队，在哈当厄尔高原的工厂上面区域监视。后来在 1942 年的"大一"行动中投入了英国伞兵但没有成功；他们约定与挪威抵抗组织联络，继续"松鸡"行动并前往韦莫克，但这次尝试失败，其中一架拖行滑翔机的哈利法克斯轰炸机错误投放滑翔机，使滑翔机在到达目的地前坠毁，所有参与者被打死或俘虏，俘虏的审问程序由盖世太保执行。

1943 年，一队 SOE 培训挪威突击队成功地进行第二次尝试，"冈纳赛德"行动破坏生产设施。"冈纳赛德"行动后来被 SOE 评为"二战"中进行破坏任务的最成功行动。这些行动之后盟军继续进行轰炸。德国人选择停止运作重水厂并把其余重水运回德国。挪威抵抗组织在廷湖炸沉渡轮，以防止重水被搬走。

1939年4月2日，德国物理学家朱斯（Georg Joos，1894—1959）和汉勒（Wilhelm Hanle，1901—1993）提出了将核能用在军事领域的可能性。但由于当时纳粹德国核子研究计划的主持人海森伯（Werner Heisenberg，1901—1976，量子力学创始人之一，"哥本哈根学派"代表性人物，获得1932年诺贝尔物理学奖）错误计算出巨大的铀的需要量与开展实验的方向，令希特勒认为开发核武器的费用将会过于庞大，因此最终放弃了核武器的开发。尽管海森伯本人声称自己不相信希特勒，而一直在拖延计划。但参与了曼哈顿工程（Manhattan Project）重要领导人对他这种说法嗤之以鼻，他们认为是海森伯在计算上犯下了严重的低级错误，从而导致了项目的失败，这也被称之为"海森伯之谜"。

在纳粹执政期间，反犹狂潮亦同时席卷并重创德国学术界，大量犹太裔工程师和科学家在1933年纳粹掌权时就闻风逃亡海外（最著名亦最讽刺的例子是最后促成美国曼哈顿工程的爱因斯坦）或被驱逐出境，没有离境的也被很快地赶出了德国的研究机构。大学的政治化加上德国军队的兵源需求（尽管拥有有用的科学技能，很多科学家和技术人员被强征入伍）几乎消灭了一整代的德国科学家。战争的后期，盟军各国竞相掠夺幸存下来的核子产业（包括人员、设施和材料），就好像他们抢夺V-2火箭计划一样。

在美国方面的科学家得知纳粹的核武器计划后，1939年8月2日，爱因斯坦（Albert Einstein，1879—1955）在匈牙利裔物理学家西拉德（Leó Szilárd，1898—1964）拟好的信中签下名字，并且递交至时任美国总统罗斯福（Franklin Delano Roosevelt，1882—1945）处，建议对方为核裂变武器提供研发资金，因为当时的纳粹德国可能也在这方面进行研究。西拉德经过与同事、匈牙利物理学家爱德华·泰勒和尤金·维格纳的协商起草了该信，最后再交由爱因斯坦签名。信中提到，纳粹德国可能已经开始了原子弹的研究，因而建议美国尽快开始进行原子弹的相关研究。它促使罗斯福总统采取行动，最终导致了曼哈顿工程开发出第一颗原子弹。虽然爱因斯坦是此信的签字者，不过他没有参加美国后来的核武器曼哈顿工程。据莱纳斯·鲍林说，爱因斯坦后来因为美国发展出的原子弹导致了许多平民的死亡而感到后悔。爱因斯坦说，他当时做出签名的决定只是由于担心如果纳粹首先研制出原子弹将会引起巨大的危害。

1939 年 10 月 11 日，经济学家萨克斯（Alexander Sachs，1893—1973）面见美国总统罗斯福，并递交了爱因斯坦 - 西拉德的信。罗斯福马上批准设立铀顾问团。10 月 21 日，铀顾问团首次会面，会议由国家标准技术研究所的布里格斯（Lyman James Briggs，1874—1963）主持召开。顾问团从海军划出 6000 美元的预算给费米购买石墨做中子实验。

核武器的发展是早期核裂变研究背后的动机，"二战"期间（1939 年 9 月 1 日至 1945 年 9 月 2 日）曼哈顿工程开展了裂变链式反应的大部分早期科学工作，最终生产了三个涉及战争期间发生的裂变炸弹。1945 年 7 月 16 日，代号为"小工具"（The Gadget）的第一颗裂变炸弹在新墨西哥州沙漠的"三位一体"（Trinity）试验中引爆。另外两颗代号为"小男孩"和"胖子"的裂变炸弹被分别用于 1945 年 8 月 6 日和 9 日在日本广岛和长崎市。即使是第一颗裂变炸弹，其爆炸性也比同等质量的化学炸药高出数千倍。"小男孩"是一种枪型裂变武器，使用铀 -235，这是一种在田纳西州橡树岭（Oak Ridge, Tennessee）的克林顿工程师工厂（Clinton Engineer Works）分离的稀有铀同位素。另一种被称为"胖子"装置，是一种更强大、更高效但更复杂的内爆型核武器，它使用了华盛顿州汉福德（Hanford, Washington）核反应堆中产生的钚。

曼哈顿工程是第二次世界大战期间的一项研发计划。该计划由美国主导，由英国、加拿大两国提供支持，成功制造了世上首枚原子弹。1942—1946 年，曼哈顿工程由美国陆军工兵部队的莱斯利·理查德·格罗夫斯少将主持。负责执行计划的陆军驻扎在美国纽约市的曼哈顿区，"曼哈顿"便渐渐成为了整个计划的代号。曼哈顿工程自 1939 年伊始，最开始规模很小，但后来逐渐发展壮大，合并了其在英国早期的同步项目合金管工程，最终有 13 万余人参与、耗资近 22 亿美元（约合 2020 年的 254 亿美元）。超过九成的预算被耗在了建工厂、制造核裂变原料上，只有不到一成用在了研发、制造武器上。

战争期间，曼哈顿工程研制出了两种不同的原子弹。一种是相对简单的枪型裂变武器，使用了铀的同位素铀 -235，该同位素在自然界的丰度只有 0.7%。由于铀 -235 与常见的铀 -238 原子质量几乎相等，所产生的化学反应也完全相同，人们很难将这两种同位素相互分离。为此，曼哈顿工程设计出三种不同的铀浓缩法：电磁型同位素分离法、气体扩散法和热泳法。分离工作主要在田纳西州的橡树岭进行。与此同时，人们也在研究制钚的方法。曼哈顿工程在橡树岭和汉福德区制造了若干反应堆，对铀辐射照射并引发核嬗变转化为钚，再使用化学方法将钚从铀中分离出来。钚后来被证实不适合用在这种枪型的设计上，因此曼哈顿工程又耗费大量的精力在计划的主实验室洛斯阿拉莫斯实验室研发了一种更为复杂的内爆式核武器。

在日本广岛市爆炸的"小男孩"原子弹　　在日本长崎市爆炸的"胖子"原子弹

在第二次世界大战后期，由美国总统哈里·杜鲁门下令发动，美国陆军航空军于 1945 年 8 月 6 日上午 8 时 15 分（日本时间）在日本广岛市投下代号为"小男孩"（Little Boy）的原子弹，这是人类历史上第一场核武器空袭行动，广岛市约有 7 万人因核爆的热辐射和冲击波立即丧生，包含时任广岛市市长粟屋仙吉。到 1945 年年底估计因烧伤、辐射和相关疾病影响而死亡之人数为 9 万 ~ 14 万人，另外估计至 1950 年共有 20 万人因癌症和其他长期并发症死亡，城市也遭到毁灭性打击。1945 年 8 月 9 日，美国在日本长崎市投掷了代号为"胖子"的第二颗原子弹，爆炸后的蘑菇云上升到原子弹的震源上方 18 km（11 英里）以上。日本于广岛市原子弹爆炸的 9 天后，即在 8 月 15 日宣布无条件投降。

仅需要两个原子的核聚变之火

聚变（fusion）一词的意思是将单独的元素合并为一个统一的整体。核聚变是指轻原子核结合形成更重的原子核，从而释放大量能量。这一过程通常在极端压力和温度条件下发生，特别是当两种低质量同位素（通常是氢的同位素）结合时。聚变是太阳产生能量的主要机制。例如，氚原子和氘原子（分别是氢的同位素，分别是氢 -3 和氢 -2）在极端压力和温度下结合，产生中子和氦同位素，同时释放出巨大的能量。这一能量释放是裂变过程产生能量的数倍。

聚变通常发生在极端高温和高压条件下，例如在氢同位素氚（氢 -3）和氘（氢 -2）结合的情况下。这一过程会产生氦同位素和一个额外的中子。与裂变不同，同位素融合释放的能量几倍于裂变过程，并且不会产生长期的放射性副产物。

太阳内部通过氢核聚变成氦来产生能量。核聚变引发的过程可以分为重力场约束核聚变、磁约束核聚变与激光惯性约束核聚变。其中，重力场约束核聚变可以是自然产生的，是宇宙大爆炸的起源。而后两者是人造核聚变，近年来已经取得明显的进展。

　　聚变发电是一种可能的发电形式，利用核聚变反应产生的热量来发电。在聚变过程中，两个较轻的原子核结合形成一个较重的原子核，同时释放能量。旨在利用这种能量的设备被称为核聚变反应堆。聚变过程需要燃料和具有足够温度、压力和限制时间的密闭环境，以产生可以发生聚变的等离子体。这些数字的组合被称为劳森准则。在恒星中，最常见的燃料是氢，而重力提供了足够长的约束时间，以满足产生聚变能量所需的条件。受控聚变反应堆通常使用重氢同位素，如氘和氚（尤其是两者的混合物），它们比氕更容易反应，以使其在不太极端的条件下达到劳森标准要求。大多数设计旨在将燃料加热到大约 1 亿℃，这对成功设计提出了重大挑战。

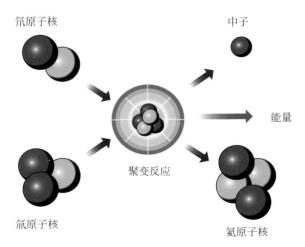

氘氚核聚变反应示意图

　　在 1920 年，英国化学家阿斯顿（Francis William Aston，1877—1945）在研究同位素是否存在时，发现核子聚合在一起可以释放出能量。同一时期，著名科学家卢瑟福（Ernest Rutherford，1871—1937）证明了轻的原子核只要以足够高的能量相互碰撞就有概率产生核反应。1929 年，阿特金森（R. Atkinson）和奥特曼斯（F. Houtemans）通过理论计算认为，在几千万摄氏度的高温下，氢原子可能聚合成氦，并推测太阳上的核反应可能是这种核聚变反应。1934 年，奥利芬特（M. Oliphant）在实验中首次发现了氘 - 氘（D-D）核聚变反应。1942 年，金（King）和施莱伯（Scllreiber）在美国普渡大学首次实现了氘 - 氚（D-T）的核聚变反应。

进入 20 世纪 50 年代，欧洲各国开始研究磁约束核聚变，出现了一些可控核聚变概念和相应的实验装置，如仿星器、箍缩装置、磁镜装置等。然而，这些早期实验装置性能不理想，例如箍缩装置中，等离子体只能维持几个微秒。与此同时，苏联的科学家塔姆（Tamm）和萨哈罗夫（Sakharov）提出了托卡马克（Tokamak）装置的概念。托卡马克通过将环形等离子体中感应电流产生的极向磁场与外部的环向磁场结合，实现了能够维持等离子体平衡的位形。

1968 年苏联科学家阿齐莫维奇（俄语：Лев Андреевич Арцимович；英语：Lev Andreevich Artsimovich；1909—1973）公布了 T-3 托卡马克装置上的最新研究成果：在该装置上，首次观察到了核聚变能量的输出，等离子体电子温度达到 1 keV，离子温度 0.5 keV，$n_\tau = 10^{18}/(m^3 \cdot s)$，等离子体能量约束时间长达几个毫秒，能量增益因子 Q 值达到十亿分之一。1969 年，英国卡拉姆实验室主任皮斯（R.S. Pease）带领一个小组访问苏联，他们用当时最先进的红宝石激光散射系统对 T-3 托卡马克装置的等离子体温度进行重新测量验证。结果表明，T-3 的电子温度确实达到了 1 keV，从此这项结果得到了世界的公认。在随后的几年里，全世界范围开始掀起了一股研究托卡马克的热潮。美国的普林斯顿大学将原先的仿星器 -C 改建成了 ST Tokamak，美国橡树岭国家实验室建立了奥尔马克（Ormark）装置，法国冯克奈 - 奥 - 罗兹研究所建立了

TFR Tokamak，英国卡拉姆实验室建立了克利奥（Cleo）装置，西德的马克斯·普朗克研究所建立了 Pulsator Tokamak 装置等，这些也都可以被称为初代托卡马克装置。

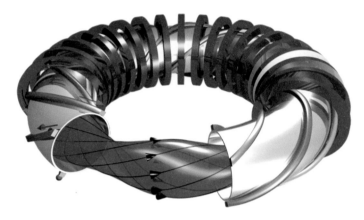

在不需要变压器的情况下扭转磁铁，也可以形成螺旋状，这种构型称为仿星器

托卡马克装置又被称为环流器，等离子体被约束在一个像汽车轮胎一样的环形强磁场中，并且有着很强的环电流。在全世界掀起了托卡马克装置的研究热潮后，托卡马克也显示了较为光明的发展前景。在核聚变科研领域，一直以来，研究的重点基本集中在如何努力在托卡马克装置上提高能量的增益因子 Q 值，也就是提高输出功率与输入功率之间的比值。到了 20 世纪 70 年代末期，美国、英国、日本、苏联分别开始建造 4 个大型托卡马克：美国的 TFTR，欧洲在英国建造的欧洲联合环 JET，日本的 JT-60 和苏联建造的 T-20（该装置由于后期经费和技术的原因被改为了较小的 T-15，采用超导磁体）。这 4 个装置为后来的磁约束核聚变研究能够进入实验验证阶段做出了决定性的贡献。

2020 年 12 月 4 日 14 时 02 分，中国最新一代托卡马克装置——中国环流器 2 号 M 装置（HL-2M）在成都成功首次放电，标志着中国已经自主掌握了大型托卡马克装置的设计、建造和运行技术。该装置是我国规模最大、参数最高的先进托卡马克装置，具备更先进的控制方式和设计结构，为中国核聚变能源开发提供了坚实的基础，同时也在理解消化吸收国际热核聚变实验堆计划（ITER）技术方面具有重大意义。

HL-2M 是我国的大型常规磁体托卡马克研究装置，目前在我国属于规模最大、参数最高的先进托卡马克装置，是我国新一代先进磁约束聚变实验研究装置，采用了更先进的控制方式和设计结构，其等离子体体积可达到国内现有装置的 2 倍多，等离子体电流也会提高到 2.5 MA，离子温度可到达 1.5 亿度，能够实现高比压、高密度、高自举电流运行，该装置可以为我国核聚变能源开发事业实现跨越式发展提供重要的依托作用，同时也是我国在理解消化吸收 ITER 技术方面有着重大意义的实验研究平台。1968 年，苏联科学家阿齐莫维奇（Lev Andreevich Artsimovich，1909—1973）在 T-3 托卡马克装置上首次观察到了核聚变能量的输出。此后，全球范围开始了对托卡马克的研究热潮。20 世纪 70 年代末，美国、欧洲、日本、苏联分别建造了大型托卡马克：TFTR、JET、JT-60 和 T-20。这为磁约束核聚变的实验验证奠定了基础。

美国东部时间 2022 年 12 月 13 日上午 10 点，在美国能源部位于加利福尼亚州的劳伦斯·利弗莫尔国家实验室（Lawrence Livermore National Laboratory，LLNL）召开的新闻发布会上，美国能源部部长詹妮弗·格兰霍姆（Jennifer Granholm）和国家核安全管理局局长吉尔·赫鲁比（Jill Hruby）公布了美国能源部劳伦斯·利弗莫尔国家实验室的研究人员在美国国家点火装置（National Ignition Facility，NIF）上所获得的一项重大科学成果。在 2022 年 12 月 5 日美国国家点火装置的一个实验中，具有总能量为 2.05 MJ 的 192 束激光向一个微小几乎完美对称的氘 - 氚燃料球汇聚，获得了 3.15 MJ 的氘 - 氚聚变能量输出，历史性地实现了聚变点火与净能量增益大约 150%，在追求无限、零碳能源方面取得了重大突破。

在发布会上，时任美国能源部部长詹妮弗·格兰霍姆非常兴奋地说："对于国家点火装置的研究人员和工作人员来说，这是一项具有里程碑意义的成就，他们致力于实现聚变点火，这一里程碑无疑将激发更多的科学发现。由世界级科学家组成的国家点火装置（NIF）团队的工作将帮助我们解决人类最复杂和最紧迫的问题，比如提供清洁能源应对气候变化以及在没有核试验的情况下保持核威慑等。"

白宫科技政策办公室主任阿拉蒂·普拉巴卡尔（Arati Prabhakar）博士说："我们对聚变的理论理解已经超过一个世纪了，但从知道到实现这个过程可能是漫长而艰巨的。今天的里程碑表明我们可以用毅力来实现我们想要做到的。"

这项经过了近60年的历程，总投资超过35亿美元才获得的重大科学

美国能源部劳伦斯·利弗莫尔国家实验室的国家点火装置（NIF）

突破，是人类自从学会用火以来，在能源利用方面最重要的改变游戏规则的突破。根据大爆炸理论，宇宙间的万物都是从由核聚变产生的一个巨大的火球创造出来的。而这个实验的成功，在某种程度上意味着人类已经开始掌握了"造物主"的能力，是人类用自己的聪明才智创造出来的一项非常了不起的成就。

劳伦斯利弗莫尔国家实验室主任金·巴迪尔（Kim Budil）博士说："在实验室中所追求的聚变点火，是人类有史以来所应对的最重要的科学挑战之一，实现它是科学的胜利、工程的胜利，但最为重要的是人类的胜利。"

国家点火装置（NIF）是迄今为止最大、功能最强大的激光惯性约束核聚变（Inertial confinement fusion，ICF）设备。激光惯性约束核聚变是使用 192 束超高能量的激光同时打到一个几乎完美对称，并且充有大约 150 μg 的氘 - 氚的塑料小球（直径约 2 mm），导致塑料向内爆炸，从而挤压里面的燃料。塑料达到 350 km/s（220 每秒英里）的峰值速度，将燃料密度从水密度提高到铅密度的大约 100 倍。压迫内部的氘与氚，形成高压高温，造成自发性的燃烧，产生链式反应，最终诱发核聚变反应。在十亿分之一秒内爆过程中，能量的传递和绝热过程将燃料的温度提高到数亿度，就产生了一颗微型超新星（Supernova）。

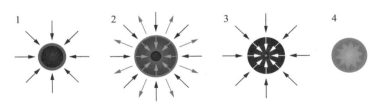

激光惯性约束核聚变点火过程原理图

核聚变将两个或两个以上的原子融合在一起，而裂变则相反，它是把一个较大的原子分裂成两个或多个较小的原子的过程产生巨大的能量，如氢弹。

核裂变可以用来做原子弹，也是当今世界各地为核反应堆提供动力的一种能源。和核聚变一样，原子分裂产生的热量也被用来产生能量。核聚变被认为是最有前途的清洁能源，可以在几乎没有污染的情况下产生大量能量。太阳与宇宙间众多恒星内部就是依靠核聚变产热的。未来可以利用核聚变产生的巨大热能量来发电，其比目前基于核裂变发电有两个非常重要的优势：

（1）核聚变不会产生核污染，非常安全。

（2）核聚变所需要的氘与氚可以从海水里获得，是取之不尽用之不竭的材料。

美国国会在 2022 年的《国防授权法》中，将大幅度增加这个项目的投入，（项目）获得有史以来最高的拨款——超过 6.24 亿美元，从而让这个惊人的突破更进一步。接下来，国家点火装置（NIF）团队将进一步分析本次实验的成功原因，并希望在后续实验中复现本次实验。接下来，团队将对实验进行一系列升级改造，进一步提高激光能量，以支持更大规模的实验与能量增益。团队还将借助人工智能机器学习，将对实验设计参数的点火区间进行更深入地研究。美国能源部宣布鼓励私人公司和研究机构参与聚变研究与商业化，但是到实际应用可能还需要一段相当长的时间。

我们能否生活在没有化石燃料的世界？

国际著名期刊 *Science* 提出了 125 个科学难题，在能源领域的第一个问题就是"我们能否生活在没有化石燃料的世界？"

生活在没有化石燃料的世界是一个复杂而紧迫的问题。化石燃料，如煤炭、石油和天然气，一直是我们现代社会的主要能源来源，用于发电、供暖、交通和工业生产等方面。然而，我们已经清楚地认识到，化石燃料的采用和燃烧导致了严重的环境问题，包括气候变化、大气污染和资源枯竭。因此，寻求生活在没有化石燃料的世界是至关重要的。

生活在没有化石燃料的世界是一个复杂而艰巨的挑战，但这也是我们应对气候变化和环境问题的紧迫任务。

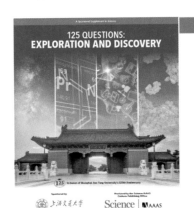

Science 提出的 125 个科学难题

能源转型

转向可再生能源是减少对化石燃料依赖的关键步骤。太阳能、风能、水能和地热能等可再生能源可以替代传统的能源来源。这将需要大规模投资和发展可再生能源技术。为了实现这一目标，需要进行大规模的能源基础设施建设，包括太阳能电池板和风力涡轮机等设备。同时，也需要改善能源存储技术，以便在不可预测的可再生能源供应情况下保持能源的可靠性。

能源效率

提高能源利用效率对减少对化石燃料的需求至关重要。这包括改进建筑物，以减少能源浪费，采用节能技术和实践，以及采用高效的生产和制造方法。政府和企业可以通过制定法规和政策来鼓励能源效率改进。

电动交通

电动汽车和公共交通工具的广泛使用可以减少对石油的需求。政府可以提供激励措施，例如减税或补贴，以推动电动交通的发展。此外，建设电动充电基础设施也是关键。

绿色化工和石化工业

绿色化工技术的发展可以减少对石化原料的需求，减少对化石燃料的依赖。这包括生物基化学品的生产、可降解材料的使用以及废物再利用。

植物基燃料和生物质能源

生产和使用植物基燃料和生物质能源可以减少对石油和天然气的需求。这包括生物柴油、生物天然气和生物质燃料的生产。

核能

核能可以提供清洁的基础负荷电力，减少对煤炭和天然气的需求。然而，核能也面临着核废料管理和核安全等挑战。

能源存储技术

发展高效的能源存储技术可以确保可再生能源的稳定供应，减少对化石燃料的依赖。这包括电池技术、压缩空气储能和水储能等。

环境政策和监管

政府和国际组织需要采取政策措施来鼓励可持续能源和能源效率的发展，同时减少对化石燃料企业的补贴。监管机构还需要制定规定，以限制化石燃料的排放和环境影响。

能源多样化

通过多样化能源供应链，降低对任何一种能源的依赖，从而提高抵抗供应中断的能力。这包括使用多种能源类型，例如太阳能、风能、核能和生物质能源。

尽管生活在没有化石燃料的世界面临着很多挑战，但这也是一个机会，可以促进可持续的发展、减少温室气体排放、改善空气质量和减少对有限资源的依赖。要实现这一目标，全球需要合作，政府、企业和个人都需要采取行动。渐进的转变和创新可以帮助我们逐渐过渡到一个更可持续的未来，减少对化石燃料的依赖。

虽然我们可以采取这些措施来逐渐减少对化石燃料的依赖，但这需要全球范围内的协作和决心。在转向无化石燃料的世界中，我们需要改变生活方式、技术和社会结构，以实现更可持续的未来。

6 新火

可以捧在手里的纳米火

热的尺度效应：可持续性燃烧的第四个条件

火是人类文明的基础，自古代以来，它一直被用于取暖、烹饪食物、提供光线和保护自身。火的控制使人类能够生活在各种环境条件下，有了温暖的居所和烹饪技术，人类能够摄取更多种类的食物，这对智力和体力的发展都起到了关键作用。然而，传统燃烧方法存在一些问题，包括能源浪费和环境污染。传统燃烧的效率较低，大量的能量被浪费，而且燃烧过程中产生的污染物对环境和健康造成了威胁。因此，寻找更加高效和清洁的能源利用方法变得至关重要。

尺度效应是指在不同尺度下，物理和化学现象的性质和行为发生变化的现象。当物体的尺寸减小到纳米或微米级别时，其表面积相对较大，与体积相比更多的分子或原子位于表面，从而导致物质的性质发生变化。在燃烧过程中，尺度效应也起到重要作用。

传统燃烧在宏观尺度上进行，燃料与氧气的反应发生在三维空间内。然而，当燃料的尺寸减小到纳米级别时，尺度效应导致更多的燃料表面暴露在氧气中。这增加了燃料与氧气之间的接触面积，从而提高了燃烧效率。此外，小尺度的燃烧系统能够更好地控制温度和燃烧速度，降低了污染物的产生。

催化燃烧是一种利用催化剂来增强燃烧反应的方法。催化剂是一种能够降低燃烧起始温度的物质，使燃料能够在较低的温度下与氧气反应。

催化剂可以降低燃烧反应的起始温度，这意味着，燃料可以在较低的温度下燃烧。这减少了能源的浪费，提高了能源转化效率。由于催化燃烧在较低的温度下进行，它减少了氮氧化物和一氧化碳等有害污染物的产生，这对环境和人类健康都有益。催化燃烧可以大幅度提高可燃气体的利用率，减少了能源的浪费，这对于有效利用有限的能源资源非常重要。

火作为人类文明的基础能源，一直在影响着人类的进化和发展。然而，传统燃烧方法存在能源浪费和环境污染的问题。通过应用催化燃烧和利用尺度效应，我们可以提高能源利用效率，降低污染物排放，从而更加清洁和高效地利用火能源。这对于解决环境和能源危机问题具有重要意义。

随着各类便携式电子产品，诸如手机、计算机、智能手表以及植入式医疗设备的快速发展，人们更渴望探索便携式的电力供给装置。在这样的背景下，锂电池等技术逐渐壮大并发展成熟，成为电子产品电源的最佳选择，但是由于其在使用寿命和能量密度方面的问题，仍旧无法满足日渐增长的电力需求。作为潜在的候选材料，以烃类为原料的电源设备具有很多优点：快速的充放电过程，更长的持续时间等，而且烃类的燃烧发电可以在微型器件中完成，能量的转换效率更高，目前已经有很多以烃类为主要原料的化学电源。

热的尺度效应是指热传递和温度变化受到物体或系统大小或规模的影响。在包括材料科学、热力学和流体动力学等各个科学和工程领域，考虑这些影响至关重要。其中，最显著的尺度效应之一是表面积与体积比效应。这一效应的出现是因为物体与周围环境的热传递速率取决于可用于热交换的表面积相对于物体体积的大小。通常情况下，较小的物体具有更高的表面积与体积比，因此它们能够更快地失去或吸收热量。此外，不同尺寸的材料也表现出与尺寸相关的行为。例如，金属丝或棒的尺寸减小时，由于表面效应的增加，导电性和导热性可能降低。流体流动系统的尺寸减小会增加黏性力的相对重要性，从而影响系统内的热传递方式。

热的尺度效应在人体与所有哺乳类动物中也有重要表现。线粒体是细胞内的细胞器之一，负责能量生产、调控细胞凋亡、参与细胞信号传导、维持细胞内钙平衡和参与脂质代谢等功能。尽管线粒体在体重或体积上占极小比例，但其在产生人体所需的能量中起着至关重要的作用。有趣的是，尽管线粒体的质量或体积不到 1%，但它通过热的尺度效应，成功地加热了整个身体，使得细胞内温度稳定并一致。线粒体膜结构复杂，其膜的厚度在不同区域可能有所变化，但其精细调节的结构使得其在产生超高等效温度梯度，形成巨大热流量的过程中发挥着关键的作用。

在温差不是很大的情况下，通过热的尺度效应，确实有可能将大量热传递到比线粒体大 99 倍的细胞中。如果线粒体膜与周围细胞液之间存在 10 纳米的尺度，并且有 1 度的温差，那么在线粒体膜内外就会形成每毫米 10 万度（100 000 K/mm）的超高等效温度梯度。这种超高的温度梯度可以导致巨大的热流量，使得线粒体能够成功地将热传递到周围细胞中。这种热的尺度效应在维持细胞内稳定温度方面发挥着关键的作用。

热的尺度效应是尺度定律中的一种重要类型，它涉及热力学和热传导等热学过程在不同尺度下的行为。这种效应在物理学、工程学和材料科学中具有广泛的应用。以下是关于热的尺度效应的详细内容：

热传导和材料热性质

热的尺度效应与热传导以及材料的热性质有关。在微观尺度下，原子和分子之间的热振动以及电子传导对材料的热导率有着显著影响。材料的微观结构和晶格缺陷对热传导行为产生重要影响，因此热传导的尺度效应在材料科学中至关重要。

热传导和纳米材料

在纳米材料领域，热传导的尺度效应尤为明显。由于纳米材料的尺寸较小，原子和分子之间的相互作用变得更加重要，因此，纳米结构的热导率与大尺度材料不同。研究人员需要考虑热的尺度效应，以优化纳米材料的热性能，例如用于纳米电子学和热管理应用。

微观尺度到宏观尺度的热传导

热的尺度效应还涉及从微观尺度到宏观尺度的热传导行为。热传导在不同尺度下的行为表现出不同的特征。在宏观尺度下，热传导可以通过传统的热传导方程来描述，但在微观尺度下，需要考虑分子动力学和能量传递机制。因此，热的尺度效应对于建立有效的跨尺度热传导模型至关重要。

电子和热的耦合

在电子学和电子元件中，热的尺度效应也涉及电子和热的相互耦合。当电子流经导体时，它们会导致热量的产生，这称为焦耳热。热导率和电导率之间的关系以及它们在不同尺度下的行为对于电子元件的设计和散热至关重要。

热力学系统的尺度效应

在热力学中，尺度效应还包括了微观热力学系统的行为。这包括纳米颗粒、生物分子和热力学系统的尺寸对系统的热力学性质产生的影响。研究热力学系统的尺度效应有助于理解微观尺度下的热力学规律。

热的尺度效应在物理学、工程学和材料科学中具有广泛的应用。它涉及热传导、热性质和热力学系统在不同尺度下的行为。研究和理解热的尺度效应有助于优化材料性能、改进电子元件、优化热管理系统，并推动纳米材料和纳米技术的发展。这一领域的研究不仅有理论意义，还在实际应用中具有巨大潜力。

我们知道，燃烧是一种最为常见、基本的能量转换方式，将化学能转换为热能需要三个必要条件：适当的燃料、充足的氧气和点燃。可持续性燃烧需要的第四个条件是：一个较大的宏观物理尺度。当燃烧空间尺度小于 1 mm 左右时，可持续燃烧将变得非常困难，火很容易自己熄灭。当把燃烧的尺度缩小到毫米的百万分之一的纳米尺度下，又会发生什么呢？我们发现铂（Pt）纳米颗粒可以使得甲醇、乙醇或氢气与空气的混合物，在室温下发生自发的可持续燃烧——低温燃烧。当把负载有铂纳米颗粒石英玻璃纤维（直径 10 μm）靠近甲醇液体表面时，可以观察到石英玻璃纤维立刻开始变红，并有水蒸气的产生，石英玻璃纤维表面燃烧正在进行。但这与传统燃烧所不同的是，没有通常燃烧所需要的点燃过程，此时正在燃烧的石英玻璃纤维温度并不高，甚至并不会烫手。听起来似乎难以想象，其实关键就在"纳米尺度"。

燃烧现象发生在铂（Pt）纳米微粒的表面，铂纳米微粒在数秒钟内可被加热至很高的温度（高于1500℃），并达到极高的微区域温度梯度（大于 3×10^4℃·mm^{-1}）。这使我们获得一个非常特殊的热力学现象：纳米尺度高温，但在宏观尺度低温（接近室温），也就是说，我们可以把看似烧得通红的纳米催化反应玻璃纤维放在手中，而不用担心手掌被灼伤。低温燃烧和普通高温燃烧都具有相同的化学生成物，不同之处是氧化过程仅发生在纳米催化颗粒表面，并且即使温度高达1000℃也不会产生宏观尺度的火焰，从而形成没有火焰的火。

室温纳米催化燃烧技术是在纳米尺度的"燃烧"中通过化学催化作用，使燃料能够快速地反应高效地转换成热能。这种"燃烧"没有点火过程，燃烧只发生在纳米催化剂颗粒存在的区域，不存在铂纳米颗粒的区域不会发生任何变化。由于它是在纳米尺度的反应过程，所以具有以下 4 个优点。

（1）大多数催化剂只有在纳米尺度催化活性才能够得到显著提高，使化学催化剂的效率大大提高。

（2）纳米尺度的催化燃烧反应不同于宏观尺度的燃烧，它只在纳米催化材料表面上发生化学反应并放出热量，而宏观尺度上的表征温度还是接近室温，而每个纳米催化点的温度则可以达到数百上千摄氏度。

（3）纳米尺度的室温催化燃烧可以非常精确地控制能量释放的速度，即通过调整纳米催化材料的数量、燃料与氧气（空气）的配比，就可以精确地控制能量的释放速度。

（4）与宏观的燃烧不同，纳米尺度的催化燃烧导致纳米尺度的热量释放，这不仅直接导致了纳米尺度物理位置上热量产生的绝对控制，热量只会在有纳米催化颗粒的地方产生，同时导致了巨大的温度梯度的产生，纳米催化材料表面与周边温度的差异很大，温度梯度可以高达几十万度每毫米，这是在宏观系统中不可能获得的，而温度梯度又是热电发电的十分关键的因素。

纳米火诞生于一次意外

从能量产生的科学原理出发，从源头上解决环境污染问题，要为中国乃至世界开出一副灵丹。我们知道，解决问题最好的方法就是避免问题的产生。

2004 年，实验中的一次意外燃烧改变了我的研究方向。当时在美国能源部橡树岭国家实验室（Oak Ridge National Laboratory，ORNL）工作的笔者清楚地记得那是 10 月 18 日的一次实验，他用沾有纳米颗粒的棉签碰触了甲醇，不一会儿，棉签自己冒烟了。我发现，燃烧在没有点火的室温条件下居然也可以发生。从这一天起，我开始了对纳米火的研究。实验室里，我手中躺着一片"温柔火种"——带有纳米颗粒的棉花球在碰到了甲醇之后，立刻燃烧了起来。实验发现，可以通过改变燃料 - 空气混合物来控制反应的烈度，并且可以通过减小颗粒尺寸和改变颗粒的形态或形状来显著改变该催化燃烧过程的发生。这是一次幸运的事故。

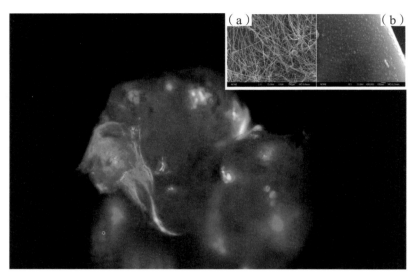

在石英玻璃纤维上纳米催化燃烧（右上角为石英玻璃纤维（a）与所负载的铂纳米
颗粒（b）的扫描电子显微镜照片）

在笔者手里燃烧的纳米火

通过进一步的深入研究之后，发现纳米尺度下的燃烧可以通过微纳米加工的手段精确地控制火的大小。在热量生产方面，纳米尺度下的燃烧也不比传统的燃烧差，只要燃料和氧气供给充足，在纳微米尺度下，燃烧同样可以达到很高的温度，甚至几百摄氏度、几千摄氏度。

点火除必须满足三个条件——氧气、燃料和点燃之外，我们发现**燃烧还需要第四个条件：适当的尺度**。当火的尺度太小（尺度通常小于 1 mm）时，它很快就会熄灭。在比毫米还小 100 万倍的纳米尺度下，如何点火更是个大问题。为何要将燃烧"微缩"到这样的尺度？主要是为了让燃烧可以在室温条件下进行。

传统的燃烧就好比整个足球场起火，而与之相比，纳米尺度的燃烧犹如在足球场中间点燃一个橘子大小的煤球。这微小的燃烧点让观众在看台上感受不到灼热，这解释了"燃烧的棉花球"为何不会让人烫手。令人惊奇的是，尽管火源微小，它却能够产生与正常燃烧相当的能量。更为重要的是，我们能够以纳米级别的精度控制它的燃烧范围和大小。

经过进一步的研究，在一个装有甲醇和空气的小罐子里，只需纳米级的铂金颗粒黏附在玻璃棉纤维上，这种"纳米催化反应"即可在没有外部点火源的情况下发生。2005 年，笔者团队发表了低温催化燃烧论文（Hu, Z.Y., V. Boiadjiev, and T. Thundat, "*Nanocatalytic spontaneous ignition and self-supporting room-temperature combustion*", *Energy & Fuels*, 2005. 19（3）: p.855-858）和专利申请（美国专利申请 US2009/0107535；国际专利申请 WO2006/021009 A2）。该论文被美国化学学会期刊 *Energy & Fuels*（《能源与燃料》）主编迈克尔·克莱因（Michael Klein）博士评价为"该领域明显的进步"（A clear advance in this field）。

优点

低能耗 传统高温燃烧需要提供足够的能量才能达到活化能，而室温纳米催化燃烧可以在较低的温度下启动反应。这降低了能源消耗，有助于提高能源利用效率。

环境友好 由于室温燃烧不需要高温，生成的热量和高能中间体较少，有害氮氧化物（NO_x）等污染物的生成量可能更少。这有助于减少空气污染和温室气体排放。

选择性控制 室温纳米催化剂的特殊表面性质可以实现更精确的反应选择性。这意味着可以促进特定产物的生成，抑制不希望出现的副产物，有助于降低环境风险和健康风险。

适用性广泛 室温纳米催化燃烧可以应用于多个领域，包括能源生产、汽车尾气处理、垃圾处理等。由于其低温特性，它更适用于一些热敏感的材料和化合物的处理。

缺点

催化活性限制 室温下，许多催化反应的活性通常较低。纳米催化剂的活性在一些反应中可能不足以在室温下有效催化燃烧，因此需要寻找合适的纳米催化剂和反应条件。

反应速率较慢 与高温燃烧相比，室温燃烧的反应速率可能较慢。这在一些需要快速反应的应用中受到限制。

催化剂失活 在室温条件下，纳米催化剂可能更容易受到污染物、颗粒积聚等因素的影响，导致催化剂失活。因此，维持催化剂的稳定性和活性可能需要更多的工作。

制备复杂性 制备高效的室温纳米催化剂需要精确的控制，包括纳米颗粒的尺寸、形状、组成等。这可能涉及复杂的合成和处理过程。

室温纳米催化燃烧的优缺点

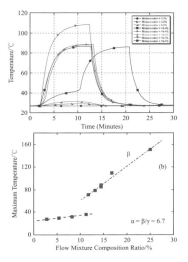

Energy & Fuels **2005**, *19*, 855–858   855

Nanocatalytic Spontaneous Ignition and Self-Supporting Room-Temperature Combustion

Zhiyu Hu,* Vassil Boiadjiev, and Thomas Thundat

Oak Ridge National Laboratory, Oak Ridge, Tennessee 37831-6123

Received December 14, 2004

Stable and reproducible spontaneous self-ignition and self-supporting combustion have been achieved at room temperature by exposing nanometer-sized catalytic particles to methanol/air or ethanol/air gas mixtures. Without any external ignition, structurally supported platinum nanoparticles instantaneously react with the gas mixtures. The reaction releases heat and produces CO_2 and water. Such reactions starting at ambient temperature have reached both high (>600 °C) and low (a few tenths of a degree above room temperature) reaction temperatures. The reaction is controlled by varying the fuel/air mixture. Catalytic activity could be dramatically changed by reducing particle size and changing particle morphology.

Catalysis is a well-known process in which a catalyst aids in the attainment of chemical equilibrium by reducing the free energy of transition-complex formation in a reaction pathway. Catalytic reactions have very wide and vitally important applications in the chemical, petroleum, energy, and automobile industries as well as in many other fields.[1] Normally, however, heterogeneous catalysts are not sufficiently active at room temperature and require external heat for ignition (generally, reaction temperatures are >200 °C; the preheating requirement for a catalytic reaction can be very costly for industrial applications).[2] The search for catalysts that are sufficiently active at room temperature and that are also able to rapidly convert large amount of reactants has a long history.[3] Here we report a method to achieve spontaneous self-ignition and self-supporting combustion of alcohols at room temperature by using nanometer-sized catalytic particles and no source of external ignition.

If we shift our view from human engineering achievements to observe how nature utilizes chemical energy, we would notice that in nature animals, insects, and

increase the complexity of each system and potentially reduce the energy utilization efficiency. On average, the efficiency of an ICE is ~21%; in contrast, an advanced fuel cell converts chemical energy directly to electrical energy and can yield higher energy conversion efficiency (~51%).[4] Nevertheless, temperatures of a few hundred degrees are typically required to carry out such reactions, while heat-related energy losses represent ~20% of total energy produced. However, high reaction temperatures may not be an absolutely necessary step in energy conversion processes. New developments in the area of thermoelectric devices have shown very promising results. [5] On the nanometer scale, by combined tunneling and thermionic emission in a vacuum, Hishinuma et al.[6] have revealed the possibility of a highly efficient thermoelectric generator at ~300 K.

笔者团队在 *Energy & Fuels*（2005.19（3）：p.855-858）发表的论文及其中插图。论文研究结果说明，通过控制甲醇与空气的比例可以精确地控制催化燃烧

该论文描述了一种在室温下实现自燃和持续燃烧的新方法。2005 年 4 月 8 日，美国能源部橡树岭国家实验室在其网站首页专门就相关论文进行新闻发布。全世界数百家国际媒体，包括期刊、报纸、广播和互联网，在多种语言中广泛报道了这一研究成果。《文汇报》（2012 年 5 月 28 日）与《科技日报》（2014 年 12 月 26 日）均在头版头条刊登了专题报道。从那时起，全球多个研究团队已开始跟踪我们的研究，开展有关纳米尺度能量转换的深入研究。

虽然需要进行额外的研究来理解这种现象，微生物、植物和动物等自然生物在其生理或体温下从相同有机化学物质的氧化中获取能量。许多这些生物反应也使用金属作为其酶催化剂的一部分。尽管如此，这在金属催化领域仍然是一个令人惊讶的结果。

尽管最初是基于好奇心，但我们很快意识到，由于能量转换和利用的潜

在收益，这项研究可能具有重大意义。虽然我们仍需进一步的研究来理解这一现象，但研究已经发现，自然界的生物，如微生物、植物和动物，都能够从相同的有机化学物质的氧化中获取能量，其中许多反应也使用金属作为酶催化剂的一部分。尽管在金属催化领域，这一结果仍然令人惊讶，但纳米尺度的能量转换可能成为替代传统燃烧的最佳方式，它是一种全新、高效、对环境影响较小的方法。在全球能源危机日益加剧的背景下，这一"温柔火种"蕴含着巨大的能量和广泛的应用前景。

由于传统燃烧过程中产生高温，导致氮氧化物排放，进而引起环境问题。与之相比，大多数内燃机的效率仅为30%～40%，且需要昂贵的组件来承受

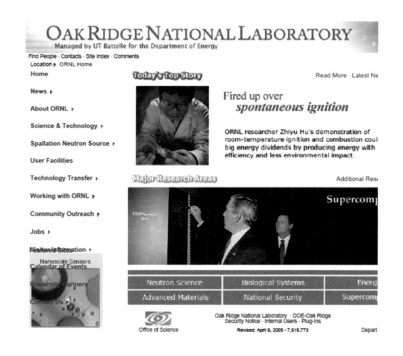

美国能源部橡树岭国家实验室在其网站首页报道了纳米火的发现

NEWS

Researcher ignites fire without a spark

Discovery may lead to new energy source

Duncan Mansfield The Associated Press

Published 11:27 p.m. CT April 26, 2005 | Updated 11:00 p.m. CT April 26, 2005

OAK RIDGE, Tenn. | Zhiyu Hu is using nanoscience — the study of the tiniest bits of matter — at Oak Ridge National Laboratory to spontaneously start and sustain some small, cool-burning fires.

"Maybe we have found a new way to harvest energy," the physicist said in an interview in his lab, where he has been able to start a fire without a spark from an external source and continue it at nearly room temperature.

Hu demonstrates his discovery, showing how tiny glowing embers or a little explosive "pop" can be generated in a catalytic reaction simply by exposing microscopic bits of platinum to vapors in a nearly empty jar of methanol.

美联社记者 2005 年 4 月 26 日专题报道纳米火的发现过程

高温工作条件，因此对低温燃烧的研究显得尤为重要。解决能源危机的最佳途径可能是开发一种新的、更高效、对环境影响较小的能量转换方式。

人类自穴居人时代以来，我们就通过燃烧东西来利用它们的能量，高温和整个过程产生了很多问题，然后我们不得不处理这些问题。相传，爱因斯坦曾经有一句格言"问题无法以产生问题的同一水平的意识来解决。"因此，解决能源危机的最好办法是用一种全新的效率更高，对环境影响更小的方法取代我们现有的燃烧方法。

在微纳尺度下，根据尺度定律，随着物体尺寸减小，其相对表面积增大，而热容量则显著减小。因此，在微纳尺度下，热能量的尺度效应变得尤为明显。根据热的尺度效应理论，我们已经实现了在二维尺度下可图形化的平面燃烧，能够在 20 nm 的厚度产生并维持超过 14℃的温差，达到在宏观尺度下

141

无法建立、高达 1300℃ /mm 的超高热梯度。在微纳米尺度下，超高热梯度将对载流子输运效应、界面效应和量子局限效应等产生重要影响。

《文汇报》与《科技日报》在头版头条报道纳米火

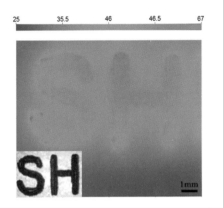

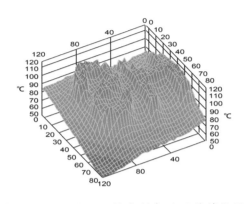

使用笔者团队自主研发的红外显微镜拍摄的利用微纳加工技术制备的两维催化燃烧图案

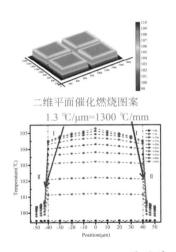

平面阵列催化燃烧示意图

2006年，美国能源部橡树岭国家实验室的最先进透射电子显微镜（TEM）样品准备室发生了一场突如其来的火灾。这是一场看似不起眼、却引起了不小震动的小火灾。幸运的是，当时在场的工作人员反应迅速，及时扑灭了火源。尽管火灾很快被扑灭，但事件的严重性不容忽视——毕竟，这是美国顶级实验室之一，发生火灾意味着一种巨大的安全隐患，甚至可能影响到国家级的重大科研项目。

美国能源部的高层领导和专家们立刻组成了调查小组，展开了对火灾原因的调查。根据现场工作人员的描述，火灾发生时，他们并未发现任何热源或明火。事情的起因只是一位研究人员不小心将一小瓶酒精洒到了样品制备桌上，过了一会儿，实验桌上的酒精突然自燃。奇怪的是，周围并没看到任何火花或热源，桌面上的火怎么会突然燃起来呢？

调查组的专家们也被这一现象难住了。他们翻阅了实验室的记录，检查了所有可能的原因，但始终无法理解为何火灾会发生。正当大家感到迷惑时，一位资深专家（他曾在福特汽车公司从事催化剂研究多年）微笑着拿出了笔者（即我）在 *Energy & Fuels* 期刊上发表的一篇论文，轻描淡写地说："Jerry（我的英文名）在这篇论文中已经给出了解释。"

原来，那天在准备样品时，桌面上恰好有极微小的铂纳米颗粒，这些颗粒的尺寸极为微小，有些被洒落到了实验桌上。而当天打翻的酒精，恰巧是甲醇。这一细微的组合正好满足了我论文中提到的纳米催化自燃的条件——铂纳米颗粒与甲醇发生了反应，导致了微小而瞬间的自燃现象。这一发现揭示了一个科学奥秘：纳米级材料的反应性和其潜在的危险性，甚至能够引发看似平常的事件，如这场在实验室中发生的火灾。

调查小组最终得出了结论：这场火灾的根本原因正是我在纳米热力学领域的发现——通过纳米催化引发的自燃。这一"纳米火"现象不仅改变了我们对纳米材料反应性的理解，也为我后来的研究工作提供了宝贵的启示。

这场火灾的谜团最终被揭开，而它也无意中证明了纳米尺度的力量——那些在日常生活中看似微不足道的细节，实际上可能蕴含着巨大的能量。

纳米火与固态间热电子发射

热电子 / 热离子能量转换（thermionic energy conversion）是利用金属表面受热电子发射的一种将热能转换为电能的发电技术，该技术从 1957 年威尔逊（Wilson）研制出铯蒸汽热电子发动机后，得到了一些关注。但是，热电子发射发电往往需要超高的温度环境（1500 ~ 2000 K）才能达到较为理想的发电效率（15% ~ 30%），在该温度下发电器件的结构、材料特性等因素受到严重的挑战，受当时材料、加工技术等因素的影响其相关的研究相对较少，特别是在纳米尺度固体间的热电子发射发电的研究几乎是空白。同时，热离子发射发电技术一直以来都难以产业化推广和应用，目前其主要应用在核反应堆发电和为星际探测仪器的供电等方面，以核燃料为热源。因此，在宏观尺度下热电子发射发电技术存在如下两个方面的问题：发电温度太高以及发电效率太低。

近年来，随着微纳米加工技术和先进材料技术的发展，热离子发射发电技术的问题有可能得到解决，因此逐渐得到了研究者的重视。热离子发射发电的相关研究中如何提高能量的转换和输运效率对其效率的提高至关重要，而关于热电子能量转换和输运的机理研究和报道至今较少。相比较而言，利用热电子发射效应进行制冷的研究相对较多。1994 年，研究人员提出了在两个金属电极之间夹一个真空势垒层的热电子制冷模型，该模型可实现热量的输运。经理论分析，该制冷模型能量转换效率可达到卡诺效率的 80% 以上，若能在室温下工作，金属电极的功函数必须在 0.3 ~ 0.5 eV。但是并不存在如此低功函数的材料，实际应用中该模型一般在高温环境下才能工作。之后，研究人员提出了基于半导体异质结的热电子制冷模型，以半导体异质结势垒代替真空势垒，可使热电子制冷器件能在低温环境下工作。同时也预示着半导体热电子能量转换器件可在室温条件下实现发电或制冷功能。

半导体（固体）热电子能量转换器作为一种创新型的半导体器件，能够直接实现热能与电能的相互转换，具有广阔的发展前景和应用空间。主要体现在以下方面：

（1）热电子发射发电属于全固态发电方式，能够适应各种恶劣的环境，因此可以在军事、太空技术等领域得到应用；

（2）热电子发射发电可以与化石燃烧、工业废热，以及太阳能、核反应热等相结合实现热能到电能的高效转换，便于开发各种新型、高效的能源系统；

（3）热电子发射发电由于是全固态发电模式，可以通过微纳技术将其与超大集成电路、生物芯片等集成，实现电能的超近距离供给，减少电能由于输运而造成的损失，提高电能的利用效率；

（4）热电子效应制冷的制冷效率较高，可用于微芯片高热流密度的散热等领域。然而，该研究领域属于纳米科学、材料科学、半导体科学、微电子、传热学等学科的交叉新型课题，而且在理论、实验等方面的报道和研究较少，因此提高了本研究的难度。

提出在纳米尺度下研究固体间（金属－半导体）热电子的输运和转换机理为研究对象，旨在实现热电子发射发电效应中的热能到电能的高效转换。相关研究可促进微纳尺度下热量的传输机理、微纳尺度下固体间热电转换和输运机理的发展，并促进理论物理中微纳尺度输运的热学基本理论的发展，若能在理论和技术上得到突破，将极大提高能源利用效率，改善人类的能源供给方式。

利用热电材料直接将催化燃烧放热转化为电能是目前研究的主要方式，其理论基础主要是热电材料中载流子的塞贝克效应（Seebeck effect），载流子的输运是扩散式，传输过程中会发生能量散射。与此相比，热电子能量转换的理论基础是电子在平均自由程范围（一般为 100 nm 以下）内的弹道式输运，传输过程中几乎不发生碰撞，理论上热电子转换具有更高的效率。尤其是在大于 800 K 的高温条件下，更有利于电子弹道式发射，其效率远高于基于塞贝克效应的热电转换，接近卡诺极限效率。然而迄今为止，仅有部分研究人员实验性地研究了微尺度催化燃烧的热电子转换，以硅基 BaO 薄膜为发射和收集热电子的转化装置，但由于实验设计问题，实验能量转化效率低于 10^{-6}，获得电能大约 1 μW 。

目前，热电子能量转换领域的研究主要集中在理论计算和热电子制冷等应用方面的研究。加州大学圣克鲁兹分校、加州大学伯克利分校、加州大学圣塔芭芭拉分校、哈佛大学、麻省理工学院、普渡大学和北卡罗来纳州立大学的研究小组联合成立了热电子能量转换研究中心。其目标是发展可在较低的温度范围（300 ~ 650℃），可较高效率（>15% ~ 20%）工作的高能量密度（1 W/cm²）热电子能量直接转换系统，并在瓦级 ~ 兆瓦量级的应用范围内部分取代内燃机工作。

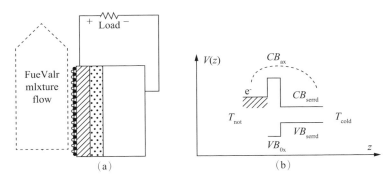

固态传输的热电转换器（US7696668B2）（a）结构与原理（b）示意图

如图所示，笔者所提出美国专利"*Solid state transport-based thermoelectric converter*"（US7696668B2）描述了一种基于固态传输的热电转换器，该装置利用纳米催化剂层或纳米催化剂颗粒在热电转换过程中实现高效电能生成。该专利的主要创新点在于利用纳米催化剂实现无火花点燃和在常温下启动反应。转换器采用固态结构，消除了传统热电转换器中的气相燃烧和点火需求，实现了环保和高效的能量转换。它提供了一种高效、环保且低维护的热电转换器技术，适用于各种规模的电能生成应用。

其基本结构和组件包括：一个热绝缘的分离层；一个电子发射器，该发射器由金属纳米催化层或多个金属纳米催化剂颗粒组成，位于分离层的一侧；一个与电子发射器电连接的第一个导电引线；一个收集层，位于分离层的另一侧；一个与收集层电连接的第二个导电引线。

该固态传输转换器通过在纳米催化剂与燃料和氧气混合物反应时释放热量，并生成如二氧化碳和水的氧化产物。发射器和分离层可以是纳米结构的，分离层在提供显著电导率的同时具有较低的热导率，从而减少热量从热侧到冷侧的泄漏，提高转换效率。该装置具有高效的能量转换效率，因为它利用了纳米级别的局部高温和极高的热梯度。由于没有移动部件，设备的维护需求低且无摩擦损失，适合于从微功率供应到工业规模的电力生成。这种转换器可以在自然环境温度和压力下启动反应，并且生成的电能可以用于便携式电子设备如手机和笔记本计算机等。

热电子能量转换的基本思路是通过加热使热电极的电子激发，让高能热电子以弹道式发射的方式穿过势垒层到达冷电极，此时势垒层可视为电子的高通能量过滤器，电子到达冷电极后由于电子 - 声子相互作用而迅速释放能量变成低能电子而不能返回，实现热能与电能的直接转换。从热动力学的观点来看，整个过程是将电子视为工作流体的热循环过程，受卡诺效率的限制。与真空势垒相比，由于半导体势垒高度可以精确控制在 $0.1 \sim 0.2$ eV，更有可能使热电子转换在室温下实现。

虽然，从半导体器件角度看，催化纳米二极管的金属 / 半导体 / 金属结构就相当于单势垒结构的热电子能量转换器。催化纳米二极管的提出充分说明基于催化反应的金属 / 半导体界面是一个非常好的热电子发射界面，基于催化燃烧的异质结构能量转换器在实验上完全可行。但是，在实际实验设计与器件制造中是很难全面顾及能带结构的匹配、热梯度等因素对热电子的影响，自然难以得到较大的"化学电流"。

微纳米尺度的声子-电子能量输运及转换还涉及理论物理中的基本热力学理论问题。涉及热电能量输运及转换的热力学理论主要包括平衡热力学和非平衡热力学两个方面：平衡热力学理论主要在于给出热电能量转换的最高效率（最大限度）；而非平衡热力学理论主要在于给出热电输运的描述模型（本构方程）。经典热力学理论的基本假定是局域平衡假设（local equilibrium hypothesis），从微观的角度看，该假设蕴含着被研究系统（如热电转换装置）中粒子与粒子之间的相互作用（碰撞）主导。因而，在微纳尺度下，如异质超晶格结构中，由于粒子（如声子、电子等）与界面的相互作用占很大的部分，故局域平衡假设不再成立。

此时，需要发展新的热力学理论来对微纳尺度的热电能量输运与转换进行描述。关于热电装置的热力学效率方面，近年来有学者基于相容性（compatibility）方法提出将电势-电流的乘积与温差-热流的乘积之比作为衡量热电装置热力学效率的参数，但这些工作还是基于经典的非平衡热力学理论框架，未能考虑微纳尺度效应给热电装置效率带来的影响。关于声子-电子的非平衡输运描述方面，一些欧洲学者们将拓展不可逆热力学（extended irreversible thermodynamics）理论引入到微纳尺度热电输运的分析中，考虑了非局域效应对本构方程及输运系数带来的影响。但他们的工作大部分只是理论方面的探讨，而未能结合具体的实验结果进行对比验证，因而可靠性有待进一步研究。针对微纳热电能量转换装置，发展衡量微纳尺度热电转换的热力学效率以及描述微纳尺度声子-电子能量输运的可靠非平衡热力学理论。

仅仅 20 纳米厚平面燃烧的纳米火

随着新材料技术和纳米技术的迅猛发展，器件尺寸的纳米化已经成为必然趋势。由于纳米器件的尺寸效应，它们表现出新颖的物理性质和广泛的应用前景。特别是低维纳米结构，如纳米线和超晶格，引发了人们广泛的兴趣，尤其是在弹道声子热传导和热电性质之间的关系方面。随着半导体技术和微电子机械系统（MEMS）技术的快速发展，器件的尺寸已经进入微米和纳米尺度。集成电路和其他微型器件的集成度不断增加，特征尺度不断减小，这使得芯片内单位面积产生的热量增加，因此散热性能成为芯片设计中必须考虑的因素。因此，微纳米尺度的传热分析对于这些器件的设计和制造至关重要。

在微纳米尺度下，由于量子效应、表面和界面效应的存在，热传导性质与宏观尺度下的传热存在显著差异。同时，微尺度下的实验测量要求非常高，有些参数难以直接测量。例如，微纳米尺度下，热载流子（如声子）在固体材料中的平均自由程通常在 $1 \sim 100$ nm 范围内，与研究对象的尺度相当，因此传统的宏观传热定律不再适用。因此，微纳米尺度的传热研究不仅具有重要的学术价值，还对工程应用有着重要的指导作用。

微纳尺度传热研究主要关注以下领域：不同材料之间的界面热阻和热导率计算、硅薄膜及相关结构的传热计算、一维纳米结构中声子输运性质的模拟、各种纳米尺度材料的热导率（如聚合物、无定形材料、纳米多孔材料和超晶格结构）、微纳尺度辐射传热（如薄膜和多层膜的干涉效应、光子晶体的能带结构、光栅的衍射、粗糙表面的散射以及近场辐射传热等）。

此外，微纳米传热的研究领域还在不断扩展，随着新材料的合成和新技术的出现，涵盖了电子、声子和光子的耦合机制，各自的传输性质，电子、声子和光子的散射机制等多个领域。这些研究为微纳米尺度传热理论的进一步深入提供了机会，并有望在纳米器件的设计和开发中发挥重要作用。

随着社会的发展和进步，环境污染和能源枯竭已经成为全球性的两大难题。因此，改进传统的能源利用技术以提高现有能源的效率已成为研究的热点。相对于传统的火焰燃烧，催化燃烧技术具有诸多优点，包括低能耗、高效率和对环境友好。采用催化燃烧技术，可以显著提高可燃的挥发性有机化合物（VOC）的利用率，同时有效减少有机污染物（如 NO_x）的排放，从而有助于解决环境污染问题。甲醇作为一种高效和低碳的挥发性有机化合物燃料，同时也是许多工业废气的重要成分，因此高效利用甲醇对于节约能源和保护环境至关重要。鉴于甲醇催化剂需要应用于微型器件中，因此制备催化剂必须与微加工技术相结合，这为微型器件的应用提供了更多可能性。因此，制备与微加工技术兼容的甲醇催化剂具有重要的研究意义。

在催化剂的制备中，Al_2O_3 薄膜因其具有大的比表面积而被广泛用作催化剂的载体，其中 Pt/Al_2O_3 是甲醇催化燃烧中常用的负载型催化剂之一。然而，目前研究中通常采用化学方法来制备甲醇催化剂，如浸渍提拉法、沉淀沉积法和溶胶凝胶法等。在这些方法中，需要通过高温处理将离子态的活性成分还原为单质，这可能对微型器件的结构造成损伤。此外，催化燃烧常使用贵金属催化剂，这些传统制备方法存在着材料浪费的问题，同时无法进行大规模工业生产。

磁控溅射技术是一种快速、可控的真空镀膜技术，通过控制靶材溅射功率、工作气体压力、靶基距和溅射温度等参数，可以制备各种性能的薄膜材料。这种技术具有许多优点，如可控性高、工艺重复性好、无污染、溅射过程可控程度高以及薄膜均匀性好。最近，磁控溅射技术已广泛用于制备微型器件功能材料，尤其是大规模集成电路，具有广阔的应用前景。在制备薄膜催化剂方面，磁控溅射技术具有巨大的优势。

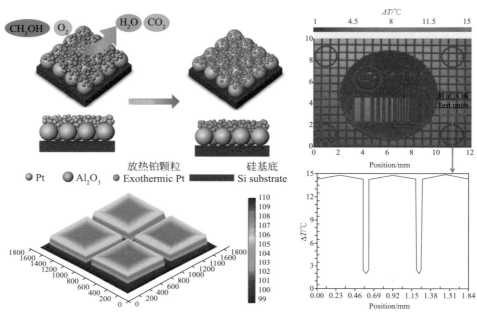

二维可图形化催化燃烧

　　低温下制备的 Al_2O_3 多是非晶态的，高温下制备的多为晶态氧化铝，晶态 Al_2O_3 分为 α，γ 等不同相。α-Al_2O_3，俗称刚玉，是 Al_2O_3 族中的高温稳定相，硬度仅次于金刚石。以 α-Al_2O_3 为主晶相的陶瓷材料具有机械强度高、导热性好、耐电强度和绝缘电阻高等优点。α-Al_2O_3 为六方晶体结构，Al^{3+} 规则地分布在八面体配位中心，O^{2-} 呈六方紧密堆积排列。因为 α-Al_2O_3 的晶格能很大，所以其熔点和沸点都很高。γ-Al_2O_3，也称活性氧化铝，是 Al_2O_3 中的低温过渡相，高温氧化后容易形成稳定的 α-Al_2O_3。γ-Al_2O_3 是一种多孔性物质，活性吸附能力强，化学性质较为活泼，易溶于酸、碱溶液中。由于氧化铝的硬度高、光学性质和化学性质稳定，使其成为最具代表性的陶瓷材料，因此受到普遍重视，被广泛应用于催化工业、微电子产业和组合材料等领域，并且运用范围越来越广。此外，我国铝资源丰富，材料成本相对较低，这也在一定程度上促进了 Al_2O_3 功能材料的发展。

通过匀胶、光刻、显影、刻蚀、镀膜、剥离等微加工技术，我们可以利用磁控溅射制备出二维微纳米尺度的图形化 Pt 催化剂，催化剂图案由设计掩膜版时的图案决定，因此可以是字母、数字、几何图形等任意形状。制备出的厚度仅为 5 nm 的图形化 Pt 活性组分，其单位面积的 Pt 负载量是极低的 0.0107 mg/cm^2，这是传统的化学方法几乎不可能完成的。

笔者团队利用微纳加工技术在 20 nm 的厚度上制造了可持续进行甲醇催化燃烧的二维催化图案。由于燃烧仅在镀有催化剂的地方发生，这是完全平面的燃烧，并且通过图形化技术能够在纳米尺度精确地控制燃烧的位置。而燃烧的温度可以非常方便地通过控制甲醇与空气的输入量来调节。

微纳尺度下热传导的研究主要为微纳米尺度对热传导的影响以及微纳秒的瞬时传热规律。实际上，微纳米结构的热学特性与块体结构有着很大的差别，主要是微纳尺寸和表面效应对声子和电子散射影响相对较大。

纳米尺度传热理论当前研究的热点主要集中在：不同材料间界面热阻热导率的计算，硅薄膜及相关结构的传热计算，模拟一维纳米结构的声子输运性质，计算各种纳米尺度聚合物、无定形材料、多孔材料以及超晶格结构的热导率等方面，特别是近年来随着微电子技术的发展，微电子器件不断地向高密度、微型化、功能化方向发展，器件内部的结构也越来越复杂，界面结构及非连续性结构也越来越多，超过 90% 的破坏和缺陷都首先出现在界面处，因此对界面结构的传热及力学特性进行研究将具有重要意义。

微纳尺度下的热传导研究主要关注微观尺度对热传导的影响以及微观尺度的瞬时传热规律。在这一领域，研究者关注的主要问题包括以下 9 个方面：

（1）界面热阻和热导率：在微纳米尺度下，不同材料之间的界面热阻对热传导有重要影响。研究者通过计算界面热阻和热导率来理解不同材料之间的传热性质。

（2）硅薄膜和相关结构的传热：硅薄膜是微电子器件中常见的材料，因此对硅薄膜及相关结构的传热性质进行研究具有重要意义。

（3）一维纳米结构的声子输运性质：研究者模拟和理解一维纳米结构中声子的传热行为，这对于设计纳米材料和器件具有重要意义。

（4）纳米材料的热导率：研究者计算各种纳米尺度材料的热导率，包括聚合物、无定形材料、多孔材料和超晶格结构。这有助于理解不同材料的传热性质。

（5）界面传热：由于纳米结构中存在大量的界面和非连续性结构，界面传热成为重要问题。研究者关注不同尺度下的界面传热及力学特性。

（6）多尺度分析方法：在纳米级尺寸下，传统的建模和分析方法已不再适用。因此，开发多尺度分析方法对微纳米尺度下的传热和界面特性进行研究是解决问题的有效途径。

（7）纳米材料的特殊性质：纳米构建的功能材料由于其特殊性质，如量子尺寸效应、表面界面效应、量子隧道效应等，具有独特的力学性能、电学性能、磁学性能和热学性能。如何充分利用这些特殊性质来拓展纳米材料的应用领域是一个重要问题。

（8）非晶材料中的热传导：非晶固体、生物分子、聚合物和复合材料等材料的热传导特性也是一个研究热点。

（9）其他热点问题：包括纳米热光伏、太阳能热电、铁电体中的热传输、极端环境下的传热、非傅立叶热传导、非声子和电子的热载流子、来自超材料的近场热辐射等。这些热点问题在微纳尺度下的热传导研究中具有广泛的应用前景，可以为纳米材料的设计和工程应用提供重要指导。

纳米火构成了世界上最小的火炬阵列

催化燃烧反应会产生一定数量的光子，同时提高催化剂表面的温度，导致红外辐射的波长和功率发生变化。随着科学技术的不断发展，红外光源在许多领域得到了广泛应用，包括红外加热、红外理疗、通信与导航、结构损伤检测以及植物和动物的培育等。通常情况下，红外光源在使用过程中需要具备以下特点：

（1）光谱分布较窄：要求红外光源的光谱分布较为集中，能量范围集中在特定波长范围内，以满足特定应用的需求。

（2）辐射稳定且启动速度快：红外光源需要具备辐射稳定性，能够在较短的时间内启动并提供稳定的光辐射。

（3）辐射效率高：高辐射效率意味着更多的能量被转化为光子辐射，减少能源浪费。

（4）光源聚焦位置准确：特定应用需要准确聚焦的光源，以满足精确的照明或检测需求。

（5）小型化和轻量化：在现代化应用中，小型、轻量的红外光源更容易集成到各种设备中，适用于多种场景下的应用。

目前，红外光源主要分为三种类型：

（1）热辐射红外光源：这种光源通过将其他能源转化为内能，通过辐射输出红外辐射。它们通常以热作为能源，通过加热产生红外辐射。

（2）特殊气体放电红外光源：某些特殊气体在放电时会产生红外辐射，这种辐射可以用作红外光源。例如，氙灯可以在近红外区域产生强烈的辐射。

（3）激光红外光源：激光器可以通过调制产生从短波到长波的红外光，可作为红外光源使用。激光红外光源具有高度的单色性和定向性。

虽然目前红外光源的种类繁多，但微型红外光源的研究仍处于起步阶段。

由于微型器件的制备具有特殊性，随着光源尺寸的减小，辐射效率可能会降低，而且很难满足纳米尺度的整体设备要求。然而，随着微纳米技术的发展，对高效微型红外光源的需求逐渐增加，特别是在结构损伤检测和医疗领域，这为微型红外光源的研究提供了巨大的应用潜力。

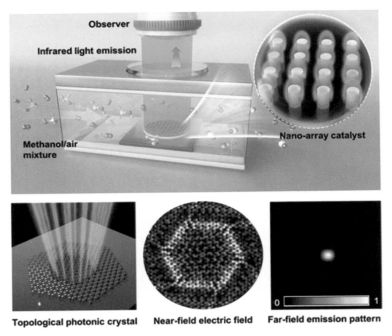

纳米光子催化燃烧红外光源

当可燃性的物质（燃料）和足量的氧化剂（如氧气、高含氧量的物质或是其他不含氧的氧化剂）混合，暴露在一热源或是高于燃料及氧化剂混合物闪点的温度时，就会起火燃烧，而且可以维持快速的氧化反应。形成连锁反应，一般会称燃料、氧化剂、热及链反应为燃烧四面体。若没有上述元素，或是比例不对，就无法起火燃烧，例如可燃液体只有在液体和氧气在一定比例内才会燃烧，有些燃料及氧化剂的混合物需要催化剂才能燃烧，催化剂是在反应前后质量维持不变的物质，但有催化剂时，燃料及氧化剂可以稳定地燃烧。在火点燃之后，燃料只要可以借由热能的释放来维持本身的温度，就会出现连锁反应，若是持续的供应燃料及氧化剂，火可能会扩散。

若燃烧的氧化剂是来自周围的空气，重力或是其他加速度来产生对流，将燃烧的产物带走，并且补充氧气，有助于继续燃烧。若没有对流，燃料起火后会立刻被周围的燃烧产物及空气中不可燃的气体包围，火会因没有足够的氧气而熄灭。若加快燃烧的速度，火会变强烈。这类作法包括依反应式的比例平衡燃料和氧化剂的量，提高环境温度，因此可以靠燃烧的发热来继续燃烧，或是加入催化剂使燃料和氧化剂更容易反应。

中红外光涵盖了分子吸收特征、生物 / 机械物体的峰值热发射、大气透射窗口等的波长范围，在生物医学、通信、传感、成像等许多领域具有重要应用价值。中红外光需求波长覆盖范围广、功率充足，该技术一直面临着严峻的技术瓶颈，新兴的紧凑型便携式光学系统也对中红外光源的小型化提出了迫切要求。

激光器和热发射器是红外光的典型光源。与具有特定光谱范围的高单色激光器相比，热红外发射器具有较宽的光谱，但方向性和非相干性较差。调节热发射体的温度可以增强热发射功率和调制波长。然而，传统的热发射大多是通过外部加热整个热发射体获得的，热惯性大，能量利用效率低。此外，这类红外光源的波导或光腔集成还处于起步阶段。在纳米尺度上实现具有广谱、可调波长的集成中红外光源，将在物理、化学和生物学领域的应用拓展具有重要意义。

我们根据建立的光子晶体催化燃烧点亮纳米级红外光源的技术路线框架。首先，利用电子束光刻技术（EBL）制备了 Pt/Al_2O_3 双层纳米柱阵列，用于甲醇催化燃烧反应。制备的纳米柱催化剂能实现纳米定点甲醇催化反应，其单位质量的甲醇催化效率远优于薄膜。由于催化反应，每个纳米柱作为纳米热源，也是红外点光源。通过改变甲醇流量可控制催化反应温度，从而实现了对热红外发射波长在宽谱段的调制。其次，笔者团队原创性的提出将纳米光子晶体结构与催化燃烧反应相结合，定制纳米红外光发射。我们设计了一种拓扑光子晶体催化剂阵列的原型，该器件具备高度垂直（方向性）增强的红外发射。在此框架下，未来可不限制 Pt 基催化剂和甲醇，允许使用其他醇类（如乙醇和异丙醇）及其相应的催化剂。只要催化反应能释放热量，引起红外发射的变化，就可实现波长及功能性调制的集成纳米级红外光源。

在纳米火的研究中，我们采用甲醇作为燃料。甲醇是一种未来的能源原料，在微型器件和小型发电场合中具有广泛的应用前景。它有以下 3 个优点：

清洁能源：甲醇燃烧产生的主要产物是二氧化碳和水，相对于传统石油和天然气燃烧产生的大量污染物，甲醇被认为是一种相对清洁的能源。

易于储存：甲醇在室温下是一种液体，易于储存和运输。这使其在移动应用中具有优势，例如作为燃料用于小型发电机或燃料电池。

来源广泛：甲醇是多种工业废气的重要成分，来源广泛。对废弃甲醇的再利用有助于资源的循环利用。

在微型器件中，甲醇的使用已经得到广泛研究，因为它可以用作微型燃料电池的燃料。微型燃料电池是一种重要的微型能源，可用于微型电子设备供电。催化剂在甲醇燃料电池中起着至关重要的作用，它们有助于提高燃料电池的效率和性能。

研究催化剂的制备是一个重要的研究领域。传统的化学方法可以制备催化剂，但很难在微纳尺度上对其进行精确地控制和修饰。因此，一些研究人员转向使用微纳加工技术制备催化剂，例如光刻和薄膜沉积。这些方法可以有效地控制催化剂的尺寸、形貌和分散度，从而提高其稳定性和性能。

此外，一种新的制备催化剂的方法是使用电子束光刻技术制备类颗粒催化剂。这种方法可以准确地控制催化剂的位置、颗粒大小和颗粒间距，同时有效地缓解催化剂团聚失活的问题。这种制备方法还可以准确地控制催化剂的表面粗糙度，从而增大比表面积，提高催化性能。研究表明，通过电子束光刻技术制备的催化剂在催化活性和抗一氧化碳中毒方面表现出更好的性能。

甲醇作为未来能源的候选者，在微型器件和小型发电场合中具有广泛的应用前景，而催化剂的制备方法也在不断发展，以提高其性能和稳定性。这些研究有望推动微型燃料电池等微型器件的发展，从而促进清洁能源的使用。

7 芯火

芯片上的发电厂

什么是热电发电技术？

　　热电转换器是一种由 P 型和 N 型半导体组成的功能器件，可以直接和可逆地将热能转换为电能。热电器件（TED）已被应用于许多领域，如余热回收、同位素发电、热电制冷和基于热梯度的传感器等。基于热的尺寸效应，小型化的热电器件（micro-TED）在达到微 / 纳米规模时对小的温度变化很敏感，这极大地扩展了它们在更广泛的场景中的应用。目前的微型热电器件通常受到热电材料特性和设备制造技术的限制，正在面临结构稳定性和界面可靠性方面的挑战。

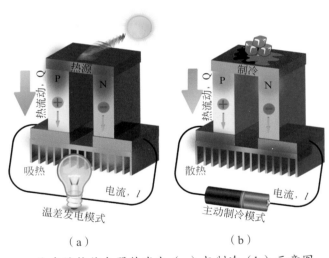

垂直结构热电器件发电（a）与制冷（b）示意图

　　热电转换器作为热机，可以利用环境中大量免费的低品位热能，清洁、安静地发电，为可持续的低碳生活做出贡献。由于其将热能可逆地转化为电能的特殊能力，它们还可以充当冰箱和传感器。有吸引力的是，由于电子和声子输运的特性，采用微机电系统技术制造的热电转换器在达到微 / 纳米尺度时表现出更强大的潜力，具有成本效益的大规模制造优势。热电转换器将在广泛的领域发挥越来越重要的作用，前景广阔。

电力是现代社会必不可少的商品，全球 85% 以上的电力供应来自煤炭、石油和天然气等初级化石燃料的燃烧。如此大规模的高温燃烧发电技术不可避免地带来环境污染并释放大量温室气体。正如联合国政府间气候变化专门委员会（IPCC）曾经警告的那样，从工业革命到 2022 年，全球平均气温上升了 1.2℃，最早可能在 2030 年达到 1.5℃。

全球变暖已成为人类必须面对的紧迫形势，人类迫切需要开发一种可持续的低碳能源技术来减缓或减少全球变暖。传统汽轮机作为百年工业标准发电的典型热机，以燃气为工质，将热能转化为机械能，进而转化为电能，实际平均效率约 35%。除排放温室气体外，机械还依赖于受温度限制的运动部件。

值得注意的是，人类活动中存在着大量的低品位废热能（<100℃），环境中随时都有取之不尽、用之不竭的热能（温差低于 25℃）。利用这种环境热能发电可以从根本上解决当前世界能源不平衡的问题。然而，传统热机很难利用这种低品位热能，因为它们通常在较高的温度下运行。以电子为工作介质的热电转换器为环保固态热机提供了一种探索，并引起了越来越多的关注。热电转换器可以实现热到电的可逆转换，无运动部件、无排放、无噪声、寿命长、免维护，超越了传统热机。

热电转换器通常由多个串联的 N 型和 P 型热电材料组成。当热电转换器的一端被加热（或冷却）时，热力驱动热电材料中的大部分载流子向冷端定向移动，从而在闭合电路中产生电流，即基于热电发电机关于塞贝克效应。如果给热电转换器通电，热电转换器的一端冷却，另一端加热，这就是基于珀耳帖效应（塞贝克效应的逆效应）的热电制冷机。热电转换在发电、制冷、传感器等各个领域具有广阔的应用前景，有利于实现可持续的低碳智能生活。

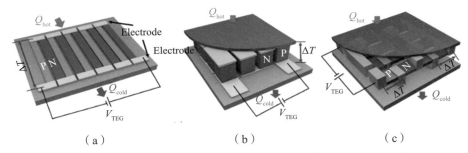

典型热电器件:(a)横向结构;(b)垂直结构;(c)混合结构

根据热电材料的成分，热电元件的最佳工作温度逆变器的工作温度范围从低于室温到高于 1200 K。评估热电材料的无单位品质因数由下式给出

$$zT = \frac{\sigma\alpha^2}{\kappa} T \tag{7.1}$$

这里，σ 是材料的电导率（单位：S/m），是塞贝克系数（单位：V/K），κ 是材料的热导率（单位：W/(m·K)），T 是热电材料的工作温度（单位：K）。

目前 N 型和 P 型热电材料具有相当高的 zT 值是优秀热电转换器的追求。zT 值大于 2 的热电材料有望用于余热回收。人们提出了各种策略来提高热电材料的 zT 值，包括低维化、缺陷工程、能带工程、电子声子临界散射效应、高熵效应和磁热电耦合。从理论上讲，上述策略可以归结为调制电子和声子的行为。

实验报道的 GeTe、PbTe、SnSe 等中高温体热电材料的 zT 值已超过 2（>500 K），其中 zT 值最高的 SnSe 体系已达到 3.1。迄今为止，Bi_2Te_3 合金及其衍生物仍然是室温附近最好的热电系统。用于商业体热电器件的 Bi_2Te_3 基材料的 zT 值约为 1，转换效率约为 5%。N 型 Bi_2Te_3 基材料的 zT 值往往低于 P 型材料（zT 值变化范围为 1.3 ~ 1.5），这限制了热电转换器的效率。Bi_2Te_3/Sb_2Te_3 超晶格薄膜在室温下的 zT 值为 2.4，是迄今为止实验报道的最高值，但一直未有后续报道。

尽管由于尺寸效应和量子限制，低维材料的热电性能在理论上非常优异，但实验获得的 zT 值往往低于理论值，说明在材料制备方面仍然需要大量的工作。由于低维材料合成过程产量低且复杂，且其性能难以准确测量，高性能低维热电材料距离器件应用还有一定距离。此外，热电材料的发展趋势是开发含有廉价且储量丰富的元素的新材料体系，例如最近出现的 Mg（Sb,Bi）基材料来替代 Te。有机热电材料的发展使器件变得灵活。然而，有机材料体系的 zT 值普遍低于无机材料，其稳定性面临挑战。

与材料相比，热电器件的研究还不够充分，但似乎越来越受到关注。传统体热电器件的制造工艺包括球磨、烧结、切割、焊接等，在界面可靠性方面面临严峻挑战，难以满足商业应用低成本大规模制造的要求。

热电器件能够把温差直接转换为电能量。但是，目前市场上的热电器件是采用传统的宏观减材制造的流程进行制造的。一般来说，热电器件通常使用具有高热电效应的材料，如硒化铋、硒化铅、锑化铟、硒化铟镓等。这些材料表现出热电效应，即当在两个不同温度的接触处时，会产生电压差。所选材料需要先制备成粉末状，不同的材料按成分进行配比，在高温下烧结成为大的块。然后再通过切割、抛光等工序制成适当的形状和尺寸，以便于热电器件的组装。为了提取产生的电压差，需要在热电材料的两侧安装电极。电极通常使用导电性能良好的材料，如铜或铝。这些电极将电流引导出热电材料。

这个制造方法存在几个缺点：

（1）材料损失大：减材制造过程中超过 60%～70% 的材料会被浪费掉；

（2）热电器件尺寸受限：受到加工工艺的限制，热电柱尺寸不能够太小也不能够太大（一般热电柱的高度为几个毫米）。

目前，块体热电材料的发电效率一般小于 10%，因此热电发电除了在航天方面的一些应用（如我国的嫦娥号月球车、美国的毅力号火星车等），主要用于制冷（如小冰箱、仪器设备局部制冷等）。制造热电器件需要专业知识和技能，因此通常由专门的工程师和科学家来进行。同时，不同应用领域和要求可能需要不同设计和制造方法。

热的尺度效应理论

热的尺度效应理论（thermal size effect theory）主要研究热传输在微纳米尺度下的特性与规律。与宏观尺度相比，在微纳米尺度下，热传输行为会显著不同，表现出各种量子效应和表面效应。这些效应使得微纳米尺度下的热传导、热辐射等现象与经典热传导理论有所不同。热的尺度效应表明：当两个物体的温度一样的时候，由于它们尺度大小、体积、质量等的不同，会对周边环境、物体温度，热梯度的建立、热能量的传递效率与传递方式等产生显著的影响。微纳米尺度材料涉及热的尺度效应，会直接影响热梯度的建立、声子与电子的输运方式、界面效应、量子局限效应等，从而会对传热与电导产生很大的影响。该理论的主要内容与原理如下：

声子传输和散射

在微纳米尺度下，声子（晶格振动的量子化形式）是主要的热传导载体。声子的自由路径（mean free path）可能会与材料的尺寸相当，这使得传统的傅立叶热传导定律不再适用。

界面和表面对声子的散射作用显著增强，这会导致热导率的显著下降。

量子效应

在纳米尺度下，电子和声子的波动特性变得显著，量子限制效应（quantum confinement effect）开始主导热传输行为。

电子和声子的能级离散化以及能带结构的改变会影响热传导的效率。

非平衡热传输

在微纳米尺度下，热传输可以发生在非平衡态下，即热载流子可能未达到局部热平衡。

弛豫时间（relaxation time）和弛豫过程对热传输的影响变得不可忽视。

界面热阻（Kapitza 热阻）

微纳米结构中的界面数量增加，界面热阻显著影响整体热传导性能。

界面处的声子反射和传输机制成为研究的重点，界面处的声子散射、声子 - 声子耦合等现象会显著影响热阻值。

局域温度场和热电效应

微纳米结构中的局域温度场可能会产生明显的热电效应（thermo-electric effect），即温度梯度产生电压，或者电流产生温度梯度。

热电材料的性能在微纳米尺度下往往优于宏观尺度，因为其界面效应和量子效应可以优化电子和声子的输运特性。

能源问题一直是全球关注的焦点。传统的机械式热机系统通常要求高温差才能进行能量转换和发电，这导致了对高温热源的依赖。然而，在我们日常生活中，低温环境温差却广泛存在。这些温差虽然表面上不大，但却蕴含了丰富的可再生热能资源，如太阳能、室内外温差等。因此，利用低温环境温差来开发清洁能源技术具有巨大的潜力。

笔者出生在四季如春、风景旖旎的云南昆明，从小热爱大自然，对于大自然吸收能量的模式赞叹不已。万物生长靠太阳，植物仅依靠大量的树叶吸收太阳光能和热能，就能源源不断地制造出从食物到燃料的能源，人类为什么不向大自然学习呢？

目前的机械式热机系统往往需要几百摄氏度甚至上千摄氏度的温差才能够有效做功与发电。在我们生活的环境周围，存在着的几摄氏度或十几摄氏度环境温差（如室内外或大棚），这些看似不高的温差蕴含有来源于太阳取之不尽、用之不竭的热能量。低温环境温差热能的应用前景广泛。在建筑和住宅领域，室内外温差能够供暖、制冷和发电，提高能源效率。太阳能热能和地热能系统可为工业生产和城市供能提供清洁、可再生的选择。此外，温差发电技术的不断发展将有望为电子设备、传感器和可穿戴设备提供自持续电源。

日常生活中，或许我们有这样一种印象，温度低就没有多少能量，而这是一种误解。目前全球气温仅仅升高 1.2℃左右，已经给我们生活的自然带来了巨大威胁。需要记住的是：能量与温度是两个完全不同的物理量。温差小并不等同于能量少。

那么根据前面讨论的尺度定律，我们可以这样分析：过去宏观尺度的机械式热机需要很大的温差的底层原因是这些热机体大、量重，所以需要巨大的能量来推动。如果我们能够制造微纳尺度的热机，那么它们在很小的温差条件下就应该可以工作。

用一个通俗的比喻：我们知道，大马拉大车，小马拉小车；如果我们只有一匹很小很小的马，那么只要造出来的车足够小，就能够被这匹小小马拉动。笔者带着这个思路，从 2006 年就开始琢磨如何制造能够利用微小温差发电的微纳尺度热机。

热梯度 $\prod$ 是空间中温度变化的程度，即

$$\prod = \Delta T / \Delta L = (T_h - T_c) / \Delta L \tag{7.2}$$

其中，温差 $\Delta T = T_h - T_c$，T_h 与 T_c 分别是高端温度与低端温度之差。

在国际单位制中，$\prod$ 的单位为开尔文每米（K/m）。这表示在单位长度的距离内，温度发生的变化量。在物理学和工程学中，热梯度是引发热传导的主要驱动力，影响材料性能和设备设计。在能量转换中，热梯度被用于驱动热机和热电发电机，实现能量转换。自然界中的气候系统和人类对环境的热感知也受到热梯度的影响。热梯度是研究热力学和热传导的基本概念，对于

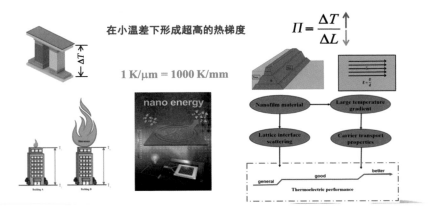

在小温差条件下形成超高的热梯度能够有效提升微纳尺度热机效率

理解和应用许多自然和人造系统中的热现象至关重要。

被形容为"热力学之父"的法国物理学家卡诺（Nicolas Léonard Sadi Carnot，1796—1832）在 1824 年 6 月 12 日出版了他唯一的著作《论火的动力》（原文是法语 *Reflections on the Motive Power of Fire and on Machines Fitted to Develop that Power*）。卡诺在这部著作中提出了卡诺热机和卡诺循环概念及卡诺原理（现在称为卡诺定理）。卡诺定理主要涉及热机的效率和热机工作的理论极限。

卡诺定理（Carnot's theorem）是热力学中的一个重要原理，它的核心思想包括以下几点：

（1）所有工作在两个恒温热源之间运转的热机中，可逆卡诺热机的效率是最高的。卡诺热机是一种理想化的热机，通过等温和绝热过程工作。

（2）热机效率的最大值只取决于两个热源的温度。设热源的高温为 T_H，低温为 T_L，那么卡诺热机的效率 η，可用以下公式表示：

$$\eta = \frac{T_H - T_L}{T_H} = \frac{\Delta T}{T_H} \tag{7.3}$$

其中，T_H 和 T_L 分别为高温和低温热源的热力学温度，使用开尔文（K）作为单位。卡诺定理对于理解热机的极限效率提供了基本的理论依据，同时也为热力学第二定律的建立奠定了基础。尽管卡诺热机是一种理论上的构想，很难在实际中完全实现，但它对于热机效率的理论最大值的探讨仍然具有深远的影响。

为了提高式（7.2）中热梯度 Π，过去试图通过提高在公式中的分子部分高温端温度（往往通过提高燃烧温度）来提高热梯度。但是这样做的改变并不容易，如把温度从室温 300 K 提高 1000～1300 K，这也仅仅把热梯度提高了一个数量级。

在这里我们提出一个问题，如果我们把式（7.2）分母减少，它会发生什么情况？例如，我们把 ΔL 的尺寸从 1 mm 变为 1 μm 或 1 nm，热梯度 Π 就会分别发生 1000 倍（3 个数量级）与 1 000 000 倍（6 个数量级）的变化。这就使得在小温差条件下形成超高的热梯度成为可能，如 1 K/μm=1000 K/mm 是一个巨大的热梯度。太阳表面温度在 5000～6000 K，1000 K/mm 意味着，在宏观尺度下，几个毫米外就可以摸到太阳，这是绝对不可能发生的！相比而言，1 K/μm 是有可能在微观尺寸产生的。我们在 20 nm 的 Pt/Al_2O_3 薄膜上利用纳米催化燃烧可以产生并且维持超过 1300 K/mm 温度梯度，并且可以进行任意图形化（中国授权专利号：ZL201710102325.4）。

在日常生活中，1 K 的温差我们往往难以注意到，但从这个计算中我们能够看到，如果这 1 K 的温差是落在 1 μm 的距离上，就可以产生巨大的热梯度。在小温差条件下产生超大热梯度，就可以有效提升载流子（电子与空穴）的固态材料中的运动速度与效率，如电子就能够被很快加速形成如子弹般的弹道输运现象，例如，电子能够被快速加速，从而形成类似于子弹般的弹道输运现象。

这种高效的载流子输运现象在热电材料中尤为重要。热电材料能够将温差直接转化为电能，其性能由热电优值（zT）决定，zT 值越高，材料的热电转换效率越高。通过在小温差条件下产生超大热梯度，可以显著提高热电材料的性能，从而提升热电发电机（TEG）的整体效率。

具体而言，这种装置的应用包括：

提高热电发电机效率：在小温差条件下，通过产生超大热梯度，能够更高效地利用环境中的微小温差，从而提高热电发电机的发电效率。

微电子冷却：在微电子领域，通过高效的热管理技术，可以有效地散热，延长器件的寿命并提高其性能。

传感器技术：在高灵敏度传感器中，通过控制热梯度和载流子输运，可以实现更高的探测灵敏度和精度。

热的尺度效应理论的应用包括：

热电材料与器件：利用尺度效应优化热电材料的性能，提高热电转换效率；开发新型纳米结构的热电材料，如量子点、纳米线、超晶格等。电子器件的热管理：在微纳电子器件中，热管理至关重要。通过研究热的尺度效应，可以设计出高效的热散热材料和结构。开发新的散热技术，如高导热纳米材料、相变材料等。纳米材料的热物性测量：研究纳米材料的热导率、比热容等热物性参数，推动材料科学的发展；开发新型的测量技术，如扫描热显微镜、时间域热反射等。

热的尺度效应理论揭示了在微纳米尺度下热传输的独特规律和机制。通过理解和利用这些效应，可以开发出性能更优的热电材料、电子散热材料以及其他功能性纳米材料，从而推动现代科技的发展。研究热的尺度效应不仅有助于基础科学的发展，也在能源、电子、材料等应用领域具有重要的实际意义。

纳米尺度热机：微纳热电芯片

微纳热电芯片主要基于塞贝克效应与热的尺度定律，采用高集成串联排列的 Π 型 P-N 型半导体单元结构，通过光刻、热电材料沉积及剥离等工艺过程控器件制备，设计精细物理界面，优化热阻与电阻，实现微纳高集成大阵列热电芯片系统集成。微型热电器件的制备过程主要包括光刻胶旋涂，掩膜对准，紫外曝光，显影，金属电极和热电材料的沉积、剥离等，其中实现两个热电对之间的顶部电极电连接是最重要和最困难也是最为重要的工艺之一。为了实现热电对之间的电连接，首先需要填充两个热电对之间的间∏隙作为顶部电极电连接的支撑结构。

按照此思路，笔者团队经过近 10 年的努力，已经成功研发了多款微纳热电芯片。这些微纳热电芯片采用交叉平面结构，使用自下而上组装的五步法微纳加工得到，包括紫外光刻、磁控溅射和光刻胶熔化技术，热流垂直于衬底。热电芯片模块串联集成了 10 082 个 P-N 型半导体热电对，六个微纳热电芯片模块包含在一个 4 英寸（10.16 cm）的 SiO_2/Si 晶圆上。使用自下而上组装的五步法微纳加工得到，包括紫外光刻、磁控溅射和光刻胶熔化技术。顶部和底部电极的主要材料是铜。Sb_2Te_3 和 Bi_2Te_3 分别被选为 P 型和 N 型半导体热电柱。

由于许多低品位废热源和环境热能（如化工厂、核电站）每天 24 小时存在，这使得运行周期长的热能的利用率远远超过其他有时限的能源。将微机电系统（MEMS）技术引入热电器件可以以有效的成本大规模制造小型化器件。此外，与传统体器件制造中采用的焊接技术不同，MEMS 技术中界面的原子级调节有助于解决界面故障的关键挑战，从而提高热电器件的可靠性，同时降低热电阻和电接触电阻，从而提高输出功率或热泵容量。另外，MEMS 技术可以实现热电偶的高度集成，提高输出电压，并可应用于一些特殊场景（如高灵敏度探测器、超分辨率非制冷红外探测焦平面阵列等）。据报道，通过电化学沉积、溅射、外延等方法制备的热电薄膜可以与 MEMS 技术相结合制作成微型热电器件。这已经解决了多达数万个厚度约为 1 μm 的热电薄膜电偶的集成挑战。一般来说，如不考虑电接触和热接触长度，较长的热电偶

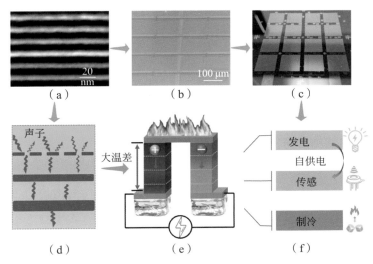

（a）微纳热电芯片纳米多层构建热电材料；（b）热电芯片器件的微观结构；（c）热电芯片外观；（d）声子传输机制；（e）热电转换示意图；（f）热电芯片在发电、传感与制冷方面的应用

有利于建立较大的温差，以实现高转换效率。

由于热能无处不在，而热电转换器具有实现可逆热电转换的独特特性，所以其应用场景极其广阔。热电器件的应用类别主要可分为发电、制冷和智能传感三大类。

当热电转换器充当发电机时，它需要来自热源或冷源的热能输入。如今，人类使用的能源约有 2/3 被损失掉，其中大部分以废热的形式存在。通过回收这些余热（如热气、冷却水、电子器件等）进行发电，可以实现现有能源的二次利用，提高其效率。热电装置还可以与其他能量转换装置结合，最大限度地利用各种能源，例如光伏热电装置以不同的方式利用太阳能。自然界的热能（如太阳热、地热、海洋热等）可作为热电装置的热源。由于其中一些热源往往受到时间和地理的限制，因此可以将它们存储起来并按需释放到热电转换器，从而实现不受时间和空间限制的发电。释放热量的天然或人造放射性同位素还可以为热电转换器提供热源，以开发不同功率的放射性同位素热电发电机，为从起搏器到卫星等各种设备提供动力。热电转换器还可以利用生物体的热量为低功率微电子设备发电。除寻找热源之外，新的冷源（例如将热量辐射到外层空间以使物体保持比环境温度低的辐射冷却器）也为热电转换器提供热能。

如同大自然中的每一片树叶由千千万万个细胞构成，规模化集成的微纳热电芯片在 0.001 K 的温差下有效发电，这突破了传统热机（如蒸汽机、内燃机等）无法利用超小温差发电的技术瓶颈。芯片发电技术可构建全新的利用环境热能发电的系统。未来我们可用生产集成电路的方式生产发电机。地球表面每天都会接收到太阳输送的巨大热能量，但利用率很低。传统的日光温室、太阳能热水器等做了初级热量收集，结合热电芯片可实现太阳能规模化使用，使人类摆脱对化石能源的依赖。

目前，中国工业废热的排放依然处于高位，工业废热排放大的行业有水泥、钢铁、热电、陶瓷、有色金属等。废热通过水排放后，会增加水体温度，减少水中的溶解氧，增加某些细菌繁殖造成水体污染，导致鱼类不能繁殖或死亡。

从能源资源的角度来看，这些废热是个聚宝盆，每年中国浪费的废热能源相当于 100 个三峡大坝的发电量。如果能将废热利用起来，可为节能减排做出贡献。根据统计，2018 年全国火电与核电发电量为 46 504 亿 kW·h，火电厂与核电厂供热效率为 44.6%，冷却水出口温度为 30～60℃，如果回收全国火电和核电站的余热 10%，就相当于多产出了 4 个三峡电站的发电量（以 2018 年三峡电站全年发电量 1016 亿 kW·h 计算）。

在煤电、核电等大部分电力系统中，遵循的模式都是将热能转变为机械能，机械能再转变为电能。我们希望推动的是将热能直接变成电能，省去机械能做功的环节，这样能提高热电的转化效率。在各类电厂中省去大量的机械装备，取而代之的将是大面积的芯片系统化。在水力发电中，经常人为建造大坝来制造势能，产生机械动力，推动转子发电，而未来只要在燃煤或者核反应堆旁打造多级串联发电系统，大量的热电芯片就可安静地释放出源源不断的电流，这将是一幅多么壮阔的场景！

我们利用热电芯片就有可能将太阳光能和热能全部"榨干用尽"。目前的太阳能电池只能吸收和转换波段在 200 ~ 800 nm 光谱的光能，光能利用率小于 20%。光谱中的长波段（800 ~ 3000 nm）能量并未被利用。而将实验室研发的一体化太阳光全光谱热电芯片表面的光热层，放置在模拟太阳光源下，以一个太阳光照强度照射，太阳的光能吸收可以达到 99%，光热层温度会升高至 90℃以上。结果表明，光热转换性能一流，发电能力是目前光伏电池的 2 倍以上。

如果是在大量建筑物的外立面和电动汽车的顶部安装这样的热电芯片。我们测算过建筑物的发电模块成本，每平方米的模块安装成本为 500 元，每

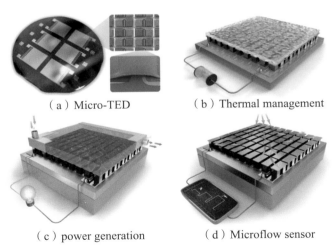

（a）Micro-TED （b）Thermal management

（c）power generation （d）Microflow sensor

微纳微型热电芯片应用

年的发电量可以达到 100 kW·h。全国建筑物室内外温差发出的电，可满足居民住户基本用电量。在夏日，电动汽车车顶温度可达 60~70℃，高温使得电池组的总体性能大大下降，还存在安全隐患。汽车箱体与外界始终存在一定的温度差，采用温差发电系统可变废为宝。在车内外温差大于 50℃时，一辆车每天发电量可达到 4~5 kW·h，足够小型电动车辆行驶 50 km 以上。按我国未来乘用电动车年销售量为 1000 万辆计算，如果全面实施预计将带来超过每年 200 亿元的产值。

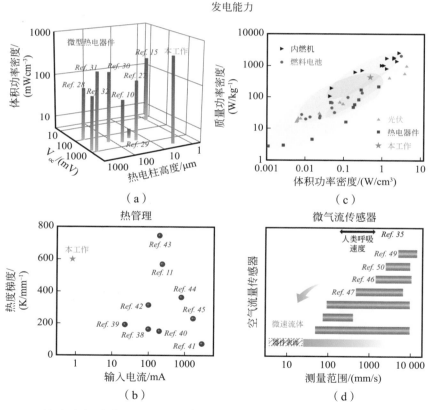

微纳热电芯片的应用与其在发电、传感、热管理方面的优势

我们可以运用物理学的角度看待世界，也就是说一层一层拨开事物表象，看到里面的本质，再从本质一层一层往上走。但是大多数人在生活中总是倾向于比较，去做别人已经做过或者正在做的事情，这样发展的结果只能产生细小的迭代发展。

在"后化石能源时代"的所有零碳发电技术中，热电技术受气候等自然条件的影响较光伏与风电等要小很多。而与光伏发电和风电相比，其单位体积能量密度和利用率更有竞争力。此外，热电技术在原材料供应和制备设备方面没有"卡脖子"困难，有利于我国保持在该领域的前沿领先地位。

能够分辨颜色与物质的传感器

人的眼睛是一个惊人的感知器官，具有出色的能力，可以感知和解释视觉信息。人眼能够感知各种不同光线的强度和颜色，从紫外线到红外线范围内的光线。这使我们能够看到广泛的颜色和感知明暗变化。人眼在正常光线下可以分辨微小的细节，这取决于视觉的分辨率。人眼最小可分辨的两个点之间的距离约为 0.2 mm。人眼能够在不同亮度条件下适应，从明亮阳光到微弱的星光。这得益于瞳孔的自动调整，以控制进入眼睛的光线量。

人眼能够感知物体的深度和远近关系，这是通过两只眼睛分别观察物体，以及大脑对这些视角的融合来实现的。人眼能够感知物体的运动和速度，这使我们能够感知运动、捕捉飞行物体，以及进行交通规则的遵守。

人眼有三种类型的视锥细胞，分别对红色、绿色和蓝色光线敏感，允许我们感知多种颜色。我们的大脑将这些信号组合在一起，使我们能够识别和分辨各种颜色。人眼在低光条件下具有适应性，虽然视觉质量较差，但仍然可以感知物体。这得益于视杆细胞的作用，它们对光线敏感，但不感知颜色。

人眼可以看到大约180°的视野范围，在中心视野内有更高的分辨率，而在外围视野中分辨率较低。人眼的晶状体可以调整自动对焦，使我们能够在不同距离上清晰地看到物体。由于双眼观察，人眼能够产生立体视觉，以便感知物体的深度和位置。

虽然照相技术，特别是数字成像技术已经有了很大的发展，但是当我们浏览手机中的照片或前往电影院观看电影时，常常感到它们与人眼所观察到的真实世界存在一定的差别。人眼不仅能够识别颜色，还能够在一定程度上识别物体的质感，即通常所说的"触感"。而在照片中，物体的质感往往失去了这一信息，因此我们会感觉电影、电视和照片中的物体与我们用肉眼观察时有所不同。例如，人眼可以轻松地区分一张白纸和一面白墙，但使用手机拍摄一张放在白墙上的白纸时，照片中的纸与墙的区别可能不如肉眼观察的那样明显。

当我们用眼睛观察物体时，光线照射到物体表面后，一部分光被反射回来并进入我们的眼睛。这使我们能够看到物体的颜色和质感。然而，在照片中，光线的反射和漫反射可能受到拍摄条件、相机传感器和镜头等因素的影响，导致失去了一些细微的颜色和质感差异。物体的材质和纹理对于我们对其质感的感知至关重要。肉眼能够辨别不同材质和纹理之间的微妙差异，但照片有时无法准确地捕捉这些细节，尤其是在低光条件下或拍摄非常细微的纹理时。

照片还可能受到白平衡、色温和颜色校正的影响，这可能导致颜色在图片中呈现不同于实际的外观。特别是在不同光源条件下，颜色的还原可能会有所不同。人眼拥有广泛的动态范围，可以同时感知阴影和高光区域的细节。相比之下，照片的动态范围通常有限，可能会导致在一张照片中失去一些细节，特别是在高光和阴影之间的细节。人眼具有立体视觉能力，可以感知深度和物体之间的距离。照片通常是二维的，缺乏这种深度感。

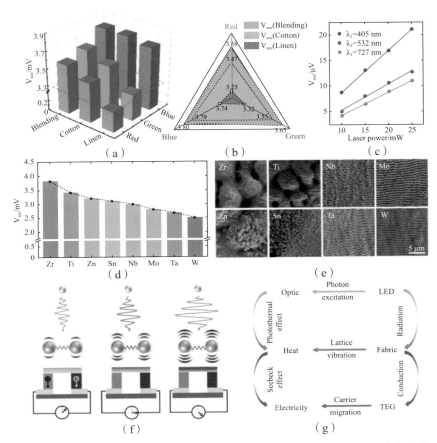

微纳热电芯片的 Vsoc 比较:(a)、(b)彩色织物;(c) PDMS/Ag/SiO₂(在激光照射下);(d)激光图案金属板(Zr、Ti、Zn、Sn、Nb、Mo、Ta 和 W);(e)相同放大倍率下的 SEM 图像;(f)、(g)系统中材料和能量的示意图

　　质感是描述物体表面特性的视觉和触觉属性之一,通常与我们对物体表面的感知和感觉有关。它是通过视觉、触觉和其他感官来感知物体表面的特性,如光滑、粗糙、柔软、坚硬、温暖、凉爽等。质感是由许多因素共同影响的,包括物体的外观、材质、表面形状、颜色、光照条件和观察角度。

物体表面的凹凸不平度和形状会影响光线的反射和折射，从而影响视觉上的质感感知。例如，粗糙表面可能看起来较暗，而光滑表面则可能看起来较亮。物体所用的材质对其质感具有显著影响。不同材质（如金属、木材、布料、玻璃等）具有不同的外观和触感特性，这些差异会被感知为不同的质感。物体的颜色可以影响质感感知。颜色明亮或暗淡、饱和或不饱和等特征可以影响我们对质感的感知。

物体所处的光照条件会改变其外观，因此会影响我们对其质感的感知。在不同光线条件下，物体的高光、阴影和反射特性会有所变化。观察物体的角度和位置会影响我们对其质感的感知。不同的角度和位置可能会呈现不同的视觉特性。

质感是一种复杂的感知现象，是多个感觉和视觉因素相互作用的结果。它在日常生活中起到了重要作用，因为我们通常通过质感来判断物体的性质、材质和实际用途。科学家、设计师和工程师经常研究和模拟质感，以改进产品和材料的外观和触感。

世界上所有的能量（包括光、电、磁、生物能、化学能、机械能等）都可以转换为热能量，也就是说热能量是其他能量的耗散形式。一般来说，微纳热电芯片的物理尺寸和热质量决定了它对微小温度变化的最小敏感性。

人类区分热和温度花费上百年的时间。爱因斯坦在其《物理学的进化》中说道："描述热现象中最基本的概念是温度和热量。在科学史上，这两者花了令人难以置信的漫长时间才被区分出来，但一旦做出这种区分，就会带来快速的进步。尽管这些概念现在已为每个人所熟悉，但我们仍应仔细研究它们，强调它们之间的差异。"（原文：The most fundamental concepts in the description of heat phenomena are temperature and heat. It took an unbelievably long time in the history of science for these two to be distinguished, but once this distinction was made rapid progress resulted. Although these concepts are now familiar to everyone, we shall examine them closely, emphasizing the differences between them.)

　　我们的触觉非常明确地告诉我们，一个物体是热的，另一个物体是冷的。但这只是一个纯粹的定性标准，不足以进行定量描述，有时甚至是含糊不清的。

　　一个著名的实验证明了这一点：我们有三个容器，分别装有冷水、温水和热水。如果我们将一只手浸入冷水中，另一只手浸入热水中，我们会从第一只手收到一条信息，表明水是冷的，而从第二只手收到的信息是，水是热的。如果我们将双手浸入同一温水中，我们会收到两条相互矛盾的信息，每只手都会收到一条信息。

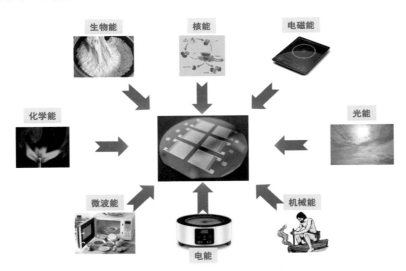

所有的能量形式都可以转换为热能而被检测

　　确实，尽管人类的触觉只能告诉我们温度的相对程度而不是绝对值，但这种能力对我们的生存和适应性至关重要。我们的感知系统经过漫长的进化过程，已经可以非常有效地帮助我们感知温度变化，以做出适应性的反应。

　　温度感知对于我们的生存至关重要。我们能够感知寒冷和高温，从而采取适当的行动来保护自己，如穿衣服来保暖或寻找遮阴避暑。这种感知能力帮助我们避免极端的温度对身体造成伤害。

当我们感知到寒冷或高温时，身体会自动启动调节机制，如收缩或扩张血管、出汗或颤抖，以维持体温在适宜的范围内。温度感知也有助于诊断疾病。一些疾病和疾病症状可以导致体温升高或下降，触摸或测量体温的能力是医疗诊断的一部分。我们的触觉可以感知温差，这对于许多日常活动和决策至关重要。例如，我们可以感知食物或饮料的温度，判断是否适合食用。我们也能感知室内和室外的温度差异，以选择适当的着装。

人体的皮肤是感知温度变化的重要器官，观察人体的皮肤，可以注意到以下几个特点：

①皮肤能感知温度的变化，而无法提供准确的温度数值；②即使在相同温度下，不同情境下人的感知会有所不同；③人体皮肤感知温度变化是由千千万万个细胞共同完成的，这有助于提高感知的可靠性和稳定性。

根据人体皮肤感知温度变化的原理，笔者团队得到了重要的灵感，设计和制造了超薄的微纳热电芯片，其厚度范围从几百纳米到几个微米不等。为了提高测量的灵敏度和可靠性，我们根据热的尺度效应的原理，采用不同性能的材料（其中部分材料的厚度仅有几个纳米），将它们垂直纵向组合以构建热电单元。随后，我们将成千上万个半导体热电单元串联起来，实现了规模化集成，使微纳热电芯片具备出色的 0.001 K 温差灵敏度。

需要强调的是，微纳热电芯片不同于传统的测温器件，如温度计、热电偶或热电阻，它测量的是器件上下表面的温度差，而不是具体的温度数值。这一测量结果是由数以千个热电单元协同完成的。

微纳热电芯片具备卓越的潜力，可用作高度灵敏的传感器平台，将被检测对象的热量作为信号源。通过将不同类型的信号转化为热能，它可以用于各种信号的检测，包括光学传感器（如光强度、光波长甚至太赫兹等）、生化

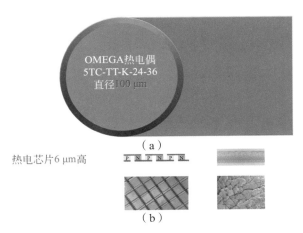

对比热电偶（a）与热电芯片（b）的测温区别

传感器（如气体传感和细胞代谢监测等）以及热辐射、热传导和对流（如液体流速和风速等）。在感测这些信号的同时，热电转换器的发电特性还使得它能够实现自供电的多功能感测系统，这将在未来的智能感测系统中发挥关键作用。颜色是人类视觉中不同波长的电磁波的映射，是光源、物质和观察者（人眼或传感器）之间相互作用的视觉表达。

目前使用的电子颜色识别系统主要是基于光电效应，然而光子还可以通过光热效应转化为热量，光热效应可以提供额外的信息来了解颜色和材料的复杂机制。基于塞贝克效应的热电芯片可以将热信号转换为电输出，为光功率测量和颜色／材料识别提供了新的可能性，并在未来可探索应用于电磁波多频谱的热电探测。

针对上述问题，笔者团队首次提出了一种利用光热电效应的颜色／材料识别系统。该系统使用微纳热电芯片作为平台，上面覆盖着染色的织物片或结构色的激光图案金属片。在光线照射下，织物／金属有选择地吸收光并将其转化为热量，这些热量流经底层的微纳热电芯片阵列，然后转化为电信号输出，进而实现颜色和材料的区分。这种新型的高灵敏度微纳热电芯片检测方法为在大范围内精确检测颜色/材料提供了一种潜在的方法，并可能有助于理解仿生颜色识别的内在机理，相关研究成果已经发表于 *Science Advances* 上。

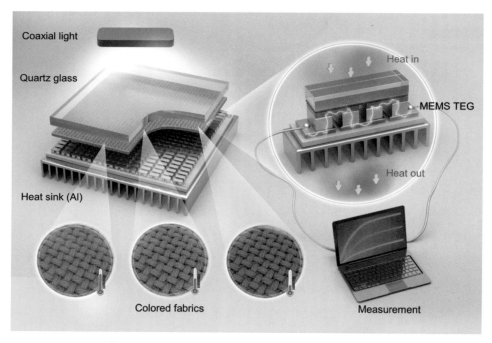

基于热电芯片的光热电耦合颜色识别平台示意图

在此工作中，我们使用包括非接触紫外光刻、磁控溅射薄膜沉积、光刻胶回流的 MEMS 技术，制备了拥有超过 46 000 个 P-N 型半导体热电对的超高集成大阵列微型热电器件。其微米级的超薄结构和串联集成模式提供了非常高的温度灵敏度和极短的响应时间。以微纳热电芯片为平台，上面覆盖染色织物片或结构色激光图案金属片，构成了"三明治"型光热电耦合颜色/材料识别系统。在光线照射下，织物/金属选择性地吸收光线并将其转化为热量，热量经底层的微纳热电芯片阵列转换成电信号输出，进而通过热电压信号差别实现颜色和材料的区分。

　　笔者团队利用微纳热电芯片设计了一种光-热-电颜色与材料的识别系统。光能量被覆盖在微纳热电芯片上的材料吸收后转换为热，所引起的温度变化被微纳热电芯片探测到，进而通过电信号实现对不同颜色织物或激光图案/3D打印金属的分辨。对于单色织物，无须升压电路即可在九分之一标准太阳强度下获得取决于颜色和材料的毫伏级开路电压。0.01 mV 的电信号差的精确分辨率说明了温差为 0.001 K 的热电器件的灵敏度，这表明了高精度温度测量以及传感器的潜力。

　　这项工作提出了一种简单而灵敏的识别系统，为热信号的颜色识别提供了一种新的方法，在仿生彩色材料传感器、过程热变化监测等领域具有应用潜力。例如，检测 α-甲胎蛋白的生物分子免疫分析的生化传感器、可见光到太赫兹多波段光强度检测的光学传感器等。

能够分辨绘图与音乐的传感器

　　笔者团队还利用热电芯片开展了对于图画与应用分辨探测的意见，相关论文已经提交，并将在 *Adv. Funt. Mate.* 上发表。这项研究探讨了人类感知艺术与音乐的能力，揭示了视觉和听觉对生理和心理状态的深刻影响。声音和光具有出色的能量转换能力，能够转化为热能和电信号，对人类感官知觉至关重要。该研究介绍了一种基于共感觉的图像和声音识别系统，采用了光/声-热-电效应，通过微型/商业热电器件实现能量转换。该系统成功区分了单色 RGB 和彩色覆盖，展示了在识别十幅数字绘画方面的能力。此外，通过探究纤维对不同声音频率和音量级别的响应，该系统实现了四首古典音乐作品的时间域识别。这种设备对检测输入能量及其输入速率和功率具有高灵敏度，提供了一种通过热信号进行图像和声音识别的新方法。潜在应用包括仿生图像传感器和音频的时间域热监测。通过进一步探索，这种基于热电效应的系统在量化对图像和声音的情感反应方面具有潜力。

这项研究利用自定义微型热电设备和商业可用的热电器件通过光 / 声 - 热 - 电效应检测绘画和音乐。吸收器选择性地捕获光或声波，将其转换为热能，随后驱动底层热电器件生成电信号，供系统识别。基本组成元素，如三原色和不同频率的标准声波，已被预先检测。在此基础上，我们的研究扩展到了对复杂绘画和音乐的识别，利用量化的能量结果作为实验结果的验证。热电器件可以测量随时间输入的能量量和速率，为广泛的图像和声音识别提供了一个有前途的途径。这种创新方法不仅提供了一种测量绘画和音乐

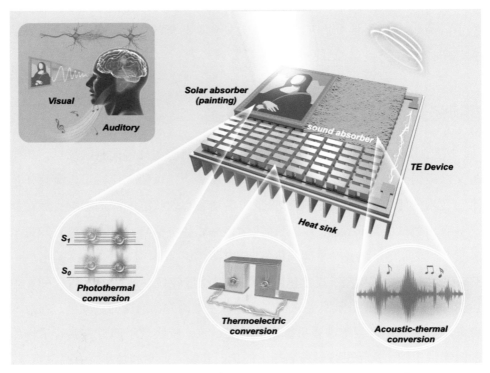

热电芯片用于识别图像与声音装置结构和能量转换过程示意图

的共感觉的新方法，还展示了作为图像和声音识别领域基础硬件平台的巨大
潜力。

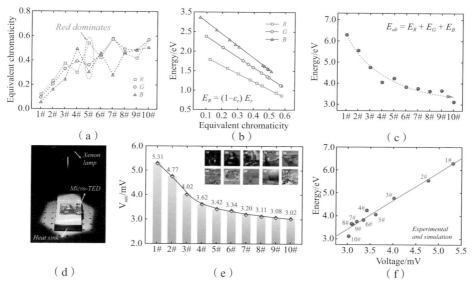

（a）（b）（c）

（d）（e）（f）

热电芯片对于 10 幅绘图的识别

这项研究选择了 10 幅著名绘画，并打印出其高清数字图像进行检测。所
有图像都标准化为 200 像素 ×200 像素，并用软件简化为 RGB 数据统计。每
个像素的颜色由 RGB 值表示，并计算其等效单色度和吸收能量。利用微型
TED 探针系统评估这些图像，发现吸收能量与生成的电压信号 V_soc 之间存
在显著线性关系，验证了该系统通过光 - 热 - 电效应进行图像识别的能力。

人类听觉系统是一个由感官器官和听觉系统组成的复杂网络。当声波到
达耳蜗时，淋巴液使基底膜位移，导致毛细胞纤毛振动，这些振动驱动神经
纤维将电信号传递到听觉中枢，实现"听到"声音。虽然已有用于声音感知
的电子设备，但由于人体内热和电现象的普遍存在，热量在声音感知中的作
用值得探讨。

如图所示，我们利用声 - 热 - 电效应，通过 TED 平台和声音吸收器来检测声音。TED 位于声音吸收器和散热器之间，吸收器将声波转换为热量，通过声 - 热 - 电转换生成热电压，实现对频率、响度以及音乐作品的时域检测。选择了五种单频声信号进行测试，分别为 329 Hz（E1）、349 Hz（F1）、392 Hz（G1）、440 Hz（A1）和 494 Hz（B1）。在播放单频声信号时，系统热电压迅速上升，然后逐渐下降，表现出不同频率的选择性响应。

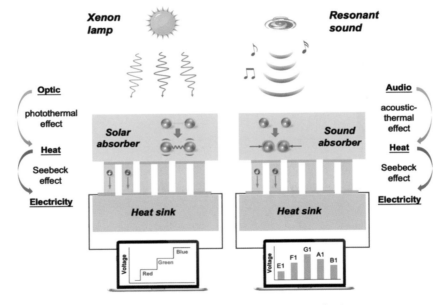

微纳热电芯片对于材料与能量探测示意图

研究还考察了响度的影响，发现随着响度增加，电压线性上升。进一步，利用 FFT 对四首古典音乐进行频域分析，结果表明 TED 的声 - 热 - 电转换电压与音乐信号的频率和时间强度变化高度一致，显示出该系统在音频识别中的潜力。该研究展示了一种通过热信号进行图像和声音识别的新方法，具有高灵敏度和广泛应用前景。

综上所述，我们开发了一种前所未有的类联觉复杂图像和声音识别系统，基于光/声-热-电效应。利用微型/商业热电设备作为桥梁，我们成功地将光/声音的能量转换为热量，再转换为电能。该系统在区分单色 RGB 和颜色覆盖方面表现出显著能力，成功识别了 10 幅打印的数字绘画。此外，通过研究不同纤维对不同频率和响度的声音反应，我们实现了对四首古典音乐作品的时域敏感识别。所有实验检测结果与计算的能量转换过程高度一致，验证了系统的准确性和有效性。展望未来，随着深入研究，这种基于热电效应的系统有望提供对图像和声音情感反应的量化测量，即"哇效应（Wow effects）"的定量评估。

微纳热电芯片在芯片级制冷方面的应用

半导体芯片的发热是一项常见的问题，对芯片的性能、寿命和稳定性都有影响。我们都知道，当手机或计算机过热时，系统就会变得很慢，甚至无法正常运行。这是因为高温会导致半导体器件的电性能下降。例如，电阻增加，导致信号传输速度减慢，电流和电压特性可能发生变化，从而影响设备的性能。高温加速了半导体材料的老化，可能导致芯片寿命缩短。高温环境下，电子运动更激烈，可能引发电迁移和热应力，最终导致芯片功能的失效。

此外，高温会使半导体器件的工作点变化，可能导致系统稳定性问题，尤其是对于模拟电路和传感器应用。温度升高可能导致数据存储器中的数据丢失或出现错误。这对于数据中心和存储设备尤为重要。高温可能导致芯片内部元件的形变或材料膨胀，从而引起元件排列和尺寸的变化，这可能导致芯片性能的失真。

高温环境下芯片的能耗通常会升高，因为电子和电流的散失会增加。这可能需要更多的电力来维持芯片的运行，从而增加能源成本。高性能计算、数据中心和其他密集型应用中的多个芯片通常集成在紧凑的空间内。芯片的高温度会导致热传输问题，可能引发热点，所有数据中心需要更好的通过空气或者液体散热和制冷解决方案，并且这是一个高耗能的过程。

为了减轻半导体芯片发热可能带来的影响，通常采取一系列措施，包括更好的散热设计、冷却系统、优化电路设计、动态电压和频率调整（DVFS），以及热管理软件等。这些方法有助于维持芯片的正常工作温度范围，延长其寿命，提高性能和稳定性。制冷技术也是一种有效的解决方案，特别是在高性能计算和数据中心应用中。

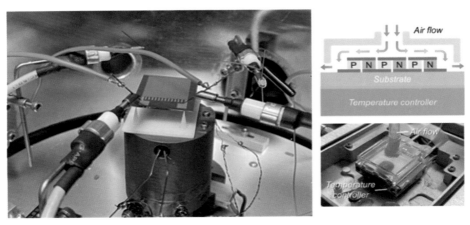

微纳热电芯片作为超灵敏度微气流传感器应用

热电制冷器（珀耳帖效应制冷器）使用温差电效应的逆效应，将电流通过热电元件，使其中一个侧面变冷，另一侧面变热。这种技术通常用于小型或便携设备当热电转换器充当制冷机时，它需要电流输入。在这种模式下，热电转换器的一端被冷却，另一端被加热，可用于快速局部温度控制，例如电子设备和红外相机的冷却。

热电转换器对冷却或加热的电热快速响应特性可以应用于 DNA 研究，从而在生物医学领域发挥重要作用。热电冰箱独特的冷却效果还可用于冷却潮湿空气，用于淡水收集或海水淡化。有趣的是，输入电流引起的热电器件表面温度变化伴随着红外发射率的变化，这使其能够与观察者进行通信，并可能应用于一些特殊场景。

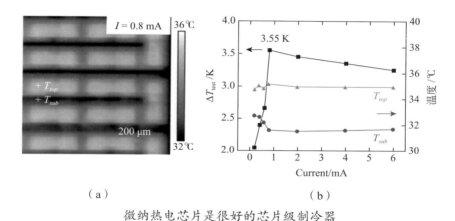

（a）　　　　　　　　　　　（b）

微纳热电芯片是很好的芯片级制冷器

　　热电效应自发现以来已经过去了一个多世纪，研究重点逐渐从材料转向器件和应用。由于材料性能不足和器件制造技术不成熟，当前热电发电大规模市场化面临挑战。放射性同位素热电发电机形式的热电发电已用于其他能源无法满足的特殊场景，例如卫星供电。这种发电方式目前性价比还不够，但在类似的特殊场景下也没有其他选择。大型热电装置也有商业应用，用于从汽车尾气中回收废热（例如宝马、福特和本田）、燃烧炉（例如 Biolite Inc. 设计的 CampStove，用于发电为电子设备充电）和保温杯。大容量热电制冷机在商业市场上很常见，常用于芯片温度控制，例如 5G 芯片冷却。随着具有精确热管理要求的新型集成电子器件的发展，对芯片级冷却器的需求不断增加。可穿戴电子设备和智能物联网的发展也对小型化热电转换器提出了广阔的市场需求。

基于传热的规模效应，大规模热电转换器有可能成为更强大的发电机、冰箱和传感器。片上热电器件的优势在于低成本大规模制造，重点是开发高性能低维材料和解决界面适配挑战。热电转换器可以回收大量的低品位废热或免费的无处不在的环境热能来发电，在满足日益增长的电力需求的同时，可以有效减少含碳气体排放，缓解全球变暖。由于我们的世界乃至宇宙随时随地都存在热能，因此利用这种热量的热电转换器将发挥远远超出这里提到的重要作用，并有望成为未来最关键的技术之一。

8 冰火

通过制冷发电可能吗？

不用电就可以冷却的红外辐射制冷

热辐射指的是在 100 nm ~ 1000 μm 的宽波长范围内的电磁辐射，包括部分紫外区、整个可见区（400 ~ 760 nm）和红外区。而单色辐射是指单一波长（或非常窄的光谱波段）的辐射，如激光和一些原子发射线。热源，例如太阳、烘箱或黑体腔发出的辐射，其光谱区域较宽，可视为单色辐射的光谱积分。与传导或对流传热不同，辐射能以电磁波的形式传播，无须介质。电磁波在真空中的传播速度是光速，即 c_0=2.998 × 10^8 m/s，不受波长影响。

在给定温度下，热源能发出的最大功率是由黑体发出的。黑体是一种理想的表面模型，吸收所有入射辐射，并发出最大的辐射功率。等温包内的辐射表现得像黑体。在实际应用中，黑体空腔是在等温空腔上用小孔形成的。灰色表面是指光谱发射率不是波长的函数。对于漫射表面，表面发射的强度与方向无关。相反地，真实物质会反射辐射，反射可能是镜面的，对于粗糙的表面可能是漫反射的。一些窗玻璃材料和薄膜是半透明的。入射电磁波的波长、入射角度和偏振状态通常对反射和透射有显著影响。材料的吸收率、反射率和透射率可定义为吸收、反射和透射辐射的比例。

基尔霍夫辐射定律表明，发射率总是与吸收率相同。

气体的排放、吸收和散射对大气辐射和燃烧至关重要。穿过气体云的辐射可能会被吸收，导致光子的吸收提高了单个分子的能量水平。在足够高的温度下，气体分子可能会自发地降低它们的能级并释放光子。这些能级上的变化称为辐射跃迁，包括束缚跃迁、无束缚跃迁和自由–自由跃迁。无束缚和无束缚的跃迁通常发生在非常高的温度（大约 5000 K 以上）及在紫外和可见区域发射。辐射换热中最重要的跃迁是振动能级之间结合旋转跃迁的束缚跃迁。量子化的能级导致了吸收和发射的离散谱线的产生。粒子也能散射电磁波或光子，导致传播方向的改变。米散射理论可用于预测球面粒子对电磁波的散射。当颗粒尺寸相对于波长较小时，瑞利散射现象发生，即散射效率与波长的四次方成反比。

粒子也能散射电磁波或光子，导致传播方向的改变。20 世纪初，德国物理学家米（Gustav Mie，1868—1957）提出了球面粒子对电磁波散射的麦克斯韦方程组的解，称为米散射理论，该理论可用于预测散射相位函数。当颗粒尺寸与波长相比较小时，公式简化为英国物理学家瑞利（J.W. Rayleigh，

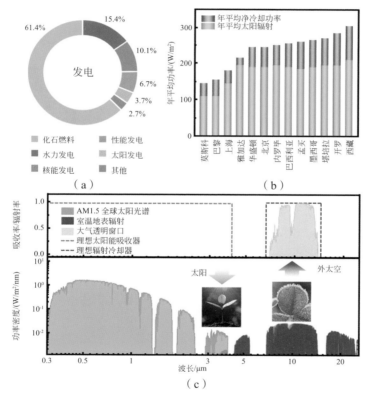

发电来源和全球热能收集：（a）2021 年全球燃料和可再生能源发电量；（b）从太阳和冷空间收集的年平均太阳辐照度和净冷却功率分布；（c）来自太阳的入射辐射和来自地球的出射辐射的功率密度，以及理想太阳能吸收器和热发射器的相应光谱

1842—1919）之前得到的简单表达式；这种现象被称为瑞利散射，即散射效率与波长的四次方成反比。光线被小粒子散射的波长依赖特性有助于解释为什么天空是蓝色的，为什么太阳在日落时呈现红色。对于直径远大于波长的球体，几何光学可以通过处理镜面或漫射来应用。

由于太阳的照耀，在地球表面的分布环境中热能无处不在、无时不在。物理学告诉我们，一个物体所含热能为 $Q=c \cdot m \cdot \Delta T$，这里 m 是物体质量，c 是热容量，ΔT 为温度差值或温度变化量。例如，对一个特定物体，在没有相变的情况下，1℃（或 1 K）的温差中包含的热能基本上完全相同。例如，一个 1 kg 的铁块在 40～41℃ 和 –40～–41℃ 具有完全相同的热能。如果温差变化过程中存在相变（如水与冰），还会加入相变热能。有效利用环境温差来发电，不仅可以获得永恒的绿色能源，还可以完全避免能源分配不均的这个困扰人类数千年的全球性问题。

辐射热传递是宇宙中最普遍的能量传递方式。所有物体在有限温度下都会发射电磁辐射，使外层空间在热辐射的视角下表现为接近绝对零度的黑体。这种极低的温度使宇宙成为最终的散热器。在外太空应用中，辐射冷却是主要的散热机制。夜间辐射冷却也在地球上维持适宜居住温度，为一些生物提供必要的生存条件，比如撒哈拉银蚁，使它们能够在沙漠中忍受酷热天气。

光谱可以通过定制的微纳结构进行调制，以实现高效的辐射冷却。生物体进化出各种巧妙的微结构来调节其自身温度，以适应环境，为我们实现人工光热调制提供了线索。例如，撒哈拉银蚁的密集三角形毛发通过增强从可见光到近红外光的反射和提高中红外辐射率，展示了卓越的辐射冷却能力，使其在极端沙漠条件下有效散热。同样，蝴蝶鳞片上的周期性微米级树结构增加了内部表面积并强化了多次散射，导致高辐射率，防止翅膀的局部过热。赫克力士甲虫角质层的独特海绵多层结构展示了对光子的管理，利用各层之间的折射率差异进行辐射调节，从而实现自我冷却。

使用现代半导体加工技术,研究人员在 4 英寸(10.16 cm)硅片上通过光刻、反应离子刻蚀和湿化学刻蚀等工艺制造了倒金字塔阵列硅模板。通过旋涂未固化的前体溶液(PDMS 与 Al_2O_3 纳米颗粒混合物)并进行热固化,制备了突出的阵列微结构。然后,通过溅射和旋涂引入了 Ag 层和附加的 PDMS 层,最终形成了具有多尺度结构的超材料。这些材料前表面呈现出相当白的外观,背面则具有高反射性。研究团队制备了具有各向同性柔性的圆形热电发电器(C-TEG),并将其与柔性热辐射器结合以增强设备的温差和输出性能。RC-C-TEG 在 40 ℃热端温度下的输出电压达到了 4.2 mV,比传统的 RC-TEG($\alpha=1$)高出 150%。这种设备在与人体贴合时表现出良好的适应性,夜间输出电压约为 4.5 mV,白天则为 3.8 mV。

雄性长角甲虫的绒毛具有周期性光子结构,这种结构在光子管理中起着重要作用。通过观察其横截面的 TEM 图像,可以看到这种结构在不同光谱范围内对光子的散射和反射能力。这种仿生结构启发了多尺度超材料的设计,用于优化光学特性以实现有效的辐射冷却。

大力神甲虫的表皮具有复杂的多相界面结构,这种结构通过调节不同层之间的折射率差异来管理光子,从而实现自我冷却。这种仿生多相界面结构为多尺度超材料的设计提供了灵感,特别是在提高中红外辐射率和散热能力方面。

这种仿生多尺度超材料的制造过程涉及多个步骤:

(1)制备硅模板:通过多种组合刻蚀方法制备出具有倒金字塔阵列的硅模板。

(2)旋涂剥离技术:将未固化的 PDMS 与 Al_2O_3 纳米颗粒的前体溶液倒入硅模板,进行旋涂,随后热固化以形成多尺度结构。

(3)溅射沉积技术:在多尺度结构表面溅射一层 Ag,作为内部反射层,增强中红外辐射。

（4）进一步旋涂 PDMS：再旋涂一层 PDMS，以形成最终的多尺度超材料结构。这层 PDMS 不仅保护内部结构，还提供柔性，使其适用于复杂的应用场景。

这些步骤的结合使得多尺度超材料在各种光谱范围内具备优异的光学特性和机械柔性，能够有效地实现全天候辐射冷却。多尺度超材料展示了优异的机械柔性、热稳定性和疏水性，适用于复杂的应用场景（如建筑、汽车、电子设备和人体等）。通过将辐射冷却器（RC）完全覆盖在 C-TEG 上，其输出电压提高了 150%。实验结果表明，该设备在昼夜的不同时间段均表现出显著的辐射冷却效果和能量采集性能。该研究开发的多生物仿生柔性热辐射器不仅展示了其卓越的辐射冷却效果，还在提升当前热电发电器性能方面具有巨大潜力。

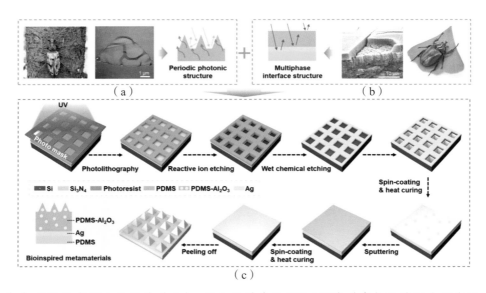

（a）雄性长角甲虫的照片（左）、绒毛的横截面 TEM 图像（中）及其仿生周期性光子结构示意图（右）；（b）大力神甲虫的照片（右）、表皮的 SEM 图像（中）及其仿生多相界面结构示意图（左）；（c）具有表面金字塔阵列和内部反射层的仿生多尺度超材料制造过程示意图

研究结果为未来优化策略提供了理论依据，期待进一步改进这些技术，以实现下一代自供电设备的广泛应用。通过仿生设计和先进制造技术，研究人员开发出了一种具有多尺度结构的柔性超材料。该材料不仅在白天和夜间均表现出显著的辐射冷却效果，还展示了在热电发电和能量采集方面的巨大潜力。这种新型材料在可穿戴设备和可持续能量利用方面具有广泛的应用前景。

新兴能源技术：从太阳和冷空间收集不间断电力

随着全球能源需求的增加和环境问题的加剧，寻求可持续和清洁的能源来源成为当务之急。现今的电力主要依赖不可再生的化石燃料，这不仅耗尽了自然资源，还释放大量温室气体，导致全球变暖。为此，开发绿色能源技术，不仅能缓解能源危机，还能应对气候变化。太阳能吸收器（SA）、辐射冷却器（RC）和热电发电机相结合的跨学科电力系统，能够同时从太阳和冷太空中收集热能，并将其转化为电能，为下一代可持续能源技术提供了一条有前景的替代路径。

电力在提升生活质量和维持工业生产中扮演着关键角色。2022 年，全球电力消费达到 26 779 太瓦时（TW·h），预计到 2025 年将增长 9.3%。然而，非可再生化石燃料依然是主要电力来源，释放的温室气体导致全球气温自工业革命以来上升了约 1.4℃，并在 2023 年引发了多种与气候相关的灾害。面对能源危机和全球气候变化，开发清洁的可持续能源迫在眉睫，亟须技术创新和基础研究的突破。

太阳和冷太空为地球提供了无尽的可持续热能，年均热能潜力达 3.33×10^8 TW·h。这为补充现有的绿色电力系统提供了巨大的动力，并促进了全球能源的转型。热电发电机是一种固态热机，能够直接将热能转化为电能，且无须移动部件、无排放、无噪声、寿命长且免维护。太阳能吸收器（SA）

可以通过光热效应吸收太阳辐射，实现太阳能加热；辐射冷却器（RC）则可以选择性地将红外辐射发射到冷太空，实现辐射冷却。将热电发电机与 SA 和 RC 结合，可以全天候捕获太阳和冷太空的能量，实现不间断的温差（ΔT）和发电，从而成为下一代电力技术的有力竞争者。

辐射冷却有望缓解全球变暖带来的问题。然而，地球大气层的存在限制了地表与太空之间的辐射传输。物体发射的电磁辐射波长取决于其温度，而在环境温度下，大部分辐射属于红外光谱。辐射冷却技术利用了这些特性，通过地表发射的热辐射和大气吸收的热辐射之间的冷却平衡，根据斯特藩 – 玻耳兹曼定律，温度越高，辐射功率越强。

地球大气层主要由氮气、氧气、二氧化碳和水蒸气组成，是半透明介质，能吸收、发射和散射辐射。大气的辐射特性与波长相关，而晴朗的天空提供了一个红外辐射窗口，波长范围为 8~13 μm。在适当的大气条件下，辐射冷却技术可以通过将热量辐射到外太空实现高效能源消耗的冷却。红外辐射冷却的关键是选择性地在大气窗口内发射辐射，并抑制其他波长的辐射。这为冷却建筑、太阳能电池和其他应用提供了潜在的无耗能源。

辐射天空冷却的应用可以追溯到几个世纪前，早在古代伊朗就有人利用辐射冷却进行建筑和制冰。近年来，对辐射冷却原理和新材料的研究取得了显著进展，使得这一技术在建筑冷却、太阳能电池冷却、露水收集等领域有着广泛的应用前景。

辐射制冷是一种近年来发展起来的被动制冷方式，通过利用"大气窗口"将物体的热量以热辐射的形式传输到外太空，从而降低物体的温度，利用外太空的低温环境作为巨大的冷源（温度约为 2.7 K）。然而，地球大气中的水蒸气、臭氧、二氧化碳等气体的存在阻碍了地球物体与外太空之间通过热辐射进行的热交换。尤其是在某些波段的电磁波中，大气对其透明，即允许其大部分能量透过。

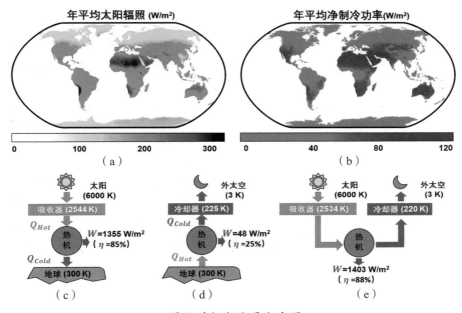

世界红外辐射能量分布图

根据维恩位移定律，地球上的物体（温度在 20～50℃ 范围内）的热辐射波的波长正好对应于 8～13 μm 这个大气窗口，因此可以利用这个窗口实现辐射制冷。通过对天然化合物、聚合物薄膜、色素涂料及气体等的研究，对辐射体性能的改善已经取得了显著进步。

当今社会，随着人们环保意识的不断提升，对于能源消耗和环境保护的关注也日益增加。建筑部门在能源消耗方面有望为向能源密集度较低的系统过渡做出显著贡献。通过采取积极措施，降低经济和环境成本，建筑行业在减少能源消耗方面有着巨大的潜力。在欧盟国家，建筑能耗占总能耗的 40%，而建筑空间空调几乎占建筑能耗的一半。特别是在气候炎热的国家，大多数建筑采用可逆热泵空调，这会消耗大量电能。近年来，研究人员不仅专注于夜间的辐射制冷，在白天的辐射制冷上取得了突破性进展，实现了全天 24 小时的辐射制冷与持续发电。

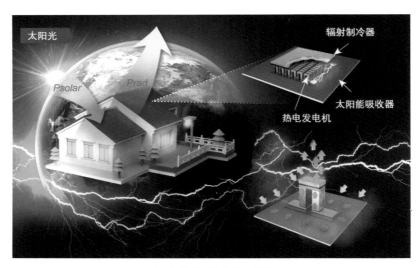

红外辐射制冷原理图

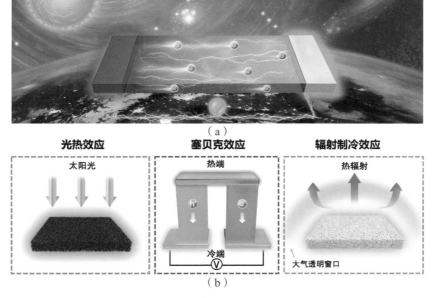

辐射制冷发电原理图

如何通过给地球降温来发电?

电力资源对于提高生活质量、保障工业生产至关重要。根据国际能源署（IEA）的报告，2022年全球电力需求将达到约 26 779 TW·h，到 2025 年将增长约 9.3%。不可再生化石燃料仍然是发电的主要来源，其燃烧会释放温室气体，从而导致全球变暖。据世界气象组织报告，自工业革命以来，全球气温已上升约 1.15℃，引发了 2022 年以来的一系列气候灾难。不断升级的能源危机和全球气候变化迫使我们寻求更清洁的可持续能源，这需要重大的技术创新和基础研究的突破。

光伏、水电、风电等可再生能源是对现有电力系统的补充，但往往受时间、季节和地理的影响，其总发电量不足以满足未来的需求。太阳和冷空间可以为地球提供无尽的可持续热能，使其成为理想的绿色可持续电力来源。地球上的土地有潜力从太阳和冷空间获取年平均 250 W/m^2 的热能。这意味着每年的总能源潜力为 3.3×10^8 TW·h，利用其中的万分之一就可以满足 2022 年全球的发电需求。利用这一巨大的能源资源不仅能显著缓解能源危机，而且可以提高能源效率，有潜力满足全球电力需求。

热电效应和光热效应是当前的热门话题，而辐射冷却效应也越来越受到关注。热电发电机是一种固态热机，可以直接将热能转化为电能，具有无运动部件、无排放、无噪声、长寿命、免维护的优点。太阳能吸收器（SA）上的功能材料可以吸收太阳辐射以实现太阳能加热，或选择性地通过辐射冷却器（RC），将红外辐射发射到冷空间以实现辐射冷却。把热电发电机与太阳能吸收器和辐射冷却器结合在一起就可以从太阳和寒冷空间捕获能量，实现全天不间断发电，有望成为下一代电力技术。

无尽、强大和可持续的电力输出，无地理和时间限制，是这项引人入胜的自供电技术的主要优点，为满足偏远离网地区的能源需求提供了分散式的替代方案。我们提出了未来发展的机会和潜在的应用场景，为其未来增长提供了展望。

小规模个性化定制

　　将与能源捕获、转换和储存系统集成的不间断发电机小型化，以为微型电子设备（如微型机器人、传感器和无人监测等）提供持续的能源供应。

区域和全球应用

　　利用全球太阳能和冷空间热能分布进行大规模示范运行，实现与电网连接的电力发电。

深空探索领域

　　冷空间具有超高真空环境、极强的太阳辐射和低温。综合不间断自供电系统将在地球轨道卫星、外星行星探索和太空飞行等领域发挥不可替代的作用。

　　辐射冷却一般可以用自然现象来说明，如叶片上形成霜和露水。即使在冰点和露点温度没有达到的情况下，也可以观察到霜和露水在叶片朝天空的表面形成。此外，一些动物可以被动地通过身体的外表面降温。撒哈拉蚂蚁的银色外观被发现具有良好的太阳反射和强烈的红外热发射，即使在炎热的沙漠中也能保持较低的温度。通过分析自然辐射体的辐射特性与其特殊结构之间的关系，可研制一些先进的辐射散热材料，如仿生材料，为探索尚未发现的辐射散热体提供了一条有效的途径。

　　太阳为地球上的生命提供了必需的能量，太阳能吸收器可以捕获入射阳光并通过光热效应将其转化为热量。理想的太阳能吸收器应该在整个太阳光谱范围（0.3 ~ 2.5 μm）内具有高宽带光吸收，并且透射率和反射率可以忽略不计。一些亚波长尺寸的金属纳米颗粒（如 Au、Ag、Pt、Te）具有独特的局域表面等离子体效应，可以进一步将入射光限制在纳米尺度内，从而增强光与物质的相互作用,产生热量。然而,这些等离子体金属纳米粒子主要吸收紫外线波长,这降低了它们由太阳能到热能的转换效率。因此,通过精细排列或组装等离子体金属纳米颗粒来拓宽其吸收带宽至关重要。

半导体(例如 Ti_2O_3、Bi_2Te_3、$ZnFe_2O_4$)在光激发下的电子空穴产生和弛豫也可以表现出光热效应。然而,对于具有一定宽带隙的半导体,带隙边缘附近的电子-空穴对的辐射复合降低了太阳能加热性能。通过引入带能态、减小带隙以及掺杂杂原子,可以增强半导体的光吸收特性。此外,具有共轭化学结构的碳质和聚合物材料(例如碳纳米管、石墨烯、炭黑)由于其出色的光吸收能力而被广泛用作太阳能吸收器。在共轭聚合物中添加额外的组分可以进一步拓宽其光吸收范围并抑制光致发光发射,从而提高其光热转换性能。

冷空间(约 3 K)是另一种不受时间限制的巨大资源,对平衡地球能量很重要。面向天空的 RC 可以通过大气透明窗口(8 ~ 13 μm)将热能辐射到寒冷的空间,以冷却地面物体(约 300 K),无须任何能量输入。理想的 RC 应具有严格的波长选择性,以最大限度地减少太阳光的吸收并最大限度地提高中红外热发射。聚合物(如聚二甲基硅氧烷、聚甲基戊烯)具有大量的化学键和官能团,可以与振动频率相匹配的电磁波相互作用,实现热波长的宽带吸收。由于声子极化子共振效应,电介质(例如 SiO_2、Al_2O_3、$ZnSe$)在中红外波长处表现出强吸收。

除固有的材料系统之外,纳米/微米结构也受到特别关注,以精确定制深度低于环境冷却的波长光谱响应。均匀介质中的散射(例如颗粒、纤维、片材、孔隙)与入射光磁波相互作用,产生电荷振荡并形成散射场来调节光谱特性。分布式布拉格反射镜结构和法布里-珀罗结构通过不同光学特性的多层结构实现了近乎完美的电磁波吸收和反射。金属和介电材料之间的界面存在表面等离子体效应,导致光子结构周围电场强度局部增强,促进热光子吸收。此外，还实现了通过亚波长尺寸的光子结构改变折射率界面的梯度可以减少界面处的红外光子反射。

最近，基于上述原理和策略的微纳工程材料通过涂层、混合结构、多层结构、多孔结构、超材料和仿生结构实现了实用的太阳能加热和辐射冷却。一方面，最先进的纳米结构 SA 显示出接近 90% 的饱和光吸收和光热转换效率。此外，外部聚光镜可以聚集阳光，将 SA 的加热温度从环境太阳通量下的 100℃提高到 1500℃，适合作为热电发电机的热端从太阳收集能量。另一方面，在真空中实现了理论冷却温度比环境温度降低了 60℃，并且在阳光下通过实验实现了 42℃的降低。据报道，室外辐射冷却功率已达到 110 W/m²，这表明热电转换器可以从寒冷的空间获取能量。此时，太阳和外太空是绿色电力的可持续热力资源。

PVC 薄膜首先被提出放在铝板上进行辐射冷却，这被证明对实现夜间的亚环境冷却现象很有用。在 20 世纪 70 年代，开发了一种新型聚合物薄膜辐射器。该辐射器是在聚氟乙烯薄膜上覆盖一层蒸发铝。该辐射器在大气窗口范围内的平均辐射率为 0.8 ~ 0.9，而在大气窗口外的平均反射率约为 0.85。通过隔热框架和红外透明罩来控制非辐射换热对辐射器的不利影响，该辐射器不仅可以在夜间降温，还可以在漫射阳光下实现日照环境降温。这种 PVF 基辐射器已经被很多研究者持续开发应用于夜间辐射制冷。

近年来，几种新的聚合物材料，如聚二甲基硅氧烷（PDMS）和聚对苯二甲酸乙二醇酯（PET），也已被用于辐射冷却。铝基上的 PDMS 薄膜作为辐射体，在大气窗口范围内可以实现选择性辐射。通过仿真表明，在晴朗的夜空下，该冷却器可以实现比环境温度低 12℃的辐射冷却。在硅片上涂覆 PDMS 薄膜可以实现有效的日间辐射制冷。该辐射器日间可被动进行低于环境温度 8.2℃的辐射降温，夜间可被动进行低于环境温度 8.4℃的辐射降温。此外，通过在传统的选择性吸收剂（钛基）上添加 PET 薄膜，开发出一种名为 TPET 的新型光谱表面，它在太阳光谱和大气窗口中分别显示出高的吸收 / 发射率。

除硅基涂料外，还有许多特殊用途的无机涂料可用于辐射冷却。氧化镁（MgO）和 / 或氟化锂（LiF）作为亚环境辐射冷却的辐射体也具有很大的潜力。与块体材料相比，纳米颗粒的光学特性可能略有不同。例如，块体 SiO_2 的声子 – 极化激子共振能产生强反射峰；相比之下，这种效应可被 SiO_2 粒子诱导为显著的吸收，对应于强发射。因此，以纳米颗粒为基础的辐射体是有效辐射冷却的候选者之一。

随着最近先进设计和制造技术的出现，光子技术已迅速发展为有效的辐射冷却，特别是亚环境辐射冷却。光子方法通过适当的周期结构，包括多层膜和图案表面，促进了对辐射体光谱辐射特性的修改，巧妙地提供了各种可能性，以提高辐射冷却能力。

对于多层膜，层数和层厚是光谱剪裁的重要参数。从理论角度来看，多层膜的设计和优化有多种经典方法，如针法优化、模拟退火、跳跃法、模因算法等。此外，一些用于实际应用的商业工具已经被开发用于膜设计。相比之下，许多技术也被用于薄膜制造，如溅射、原子层沉积等。然而，在多层膜制备过程中，无法消除单个层的厚度误差，这将损害多层膜的优化光学性能，特别是对厚度敏感的多层膜。因此，具有适当层数和层厚的多层膜将在实际应用中受到欢迎。

除了多层膜，图形化表面已经被开发作为光子辐射体，实现有效的辐射冷却。与多层膜相比，图形化表面具有较高的自由度，这是一个很好的特征，可用于裁剪表面的光谱选择性。

光子辐射体以其独特的能力，能够对辐射体的光谱特性进行调整，以实现白天有效的辐射冷却，成为辐射冷却领域的研究热点，推动了亚环境辐射冷却的发展。然而，光子辐射体仍然存在一些挑战。光子辐射体，特别是三维辐射体的制造工艺要求很高，因此，光子辐射器的成本问题是实际应用中

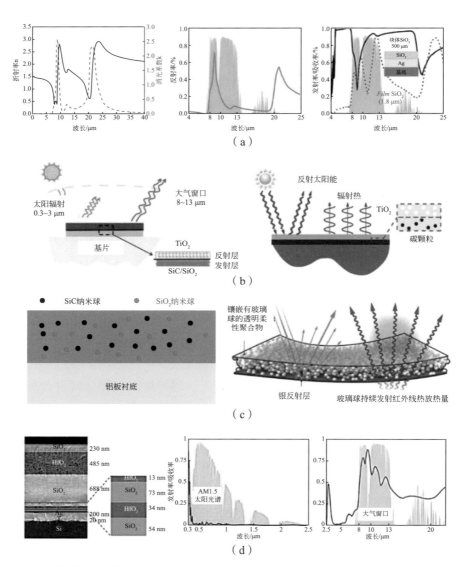

（a）SiO$_2$ 材料的光学性质；（b）两种典型的纳米颗粒双层涂层；（c）两种典型的纳米颗粒掺杂聚合物散热器；（d）光子辐射体的扫描电子显微镜和光谱特征

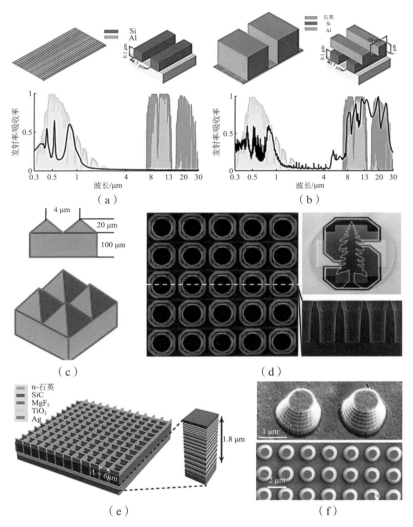

保色日辐射冷却方法的原理图：（a）使用硅纳米结构作为色彩生成器的原始结构
示意图；（b）用于强热发射的结构示意图，在原结构上采用了镓石英棒阵列。光
子辐射体的结构；（c）均匀二氧化硅层上二维方形晶格的示意图；（d）在块体二氧
化硅材料上由方形晶格气孔组成的光子辐射体的 SEM 图像和照片。图形化表面与
多层结构的组合；（e）辐射器原理图，包括用于热辐射的双层二维图案表面和用
于太阳反射的啁啾多层；（f）由一组超材料圆锥结构组成的光子辐射体 SEM 图像

的一大难题。此外，受工艺和设备的限制，目前还难以实现大规模生产。因此，光子辐射体还处于早期发展阶段，还局限于实验室的研究和探索。

从太阳和冷空间获取能源以实现不间断的电力生成是一项环保技术，长期以来一直备受期待。在光热效应、辐射冷却效应和热电效应方面取得的显著进展为同时捕获能源和实现不间断的电力生成奠定了基础。然而，基于太阳加热和辐射冷却的综合不间断自供电热电发电机仍处于初期阶段，面临许多科学和工程挑战：

（1）关键是基于各种策略、新原则和技术开发具有规模生产能力和成本效益的高性能 SA、RC 和热电发电机。丰富的 SA 和 RC 材料系统期望通过微 / 纳米结构来调整它们在相应光谱范围内的吸收和辐射特性。改进室温热电材料的 zT 有助于利用大自然中的 24 小时温差。基于切割和焊接的传统制造技术面临界面失效的挑战，进一步降低了热电发电机的效率。集成电路技术为低成本大规模制造器件提供了有希望的途径，但其在热电设备中的应用还不足够成熟。

（2）在三个综合系统中 SA 和 RC 的配置和解耦是一个挑战。

（3）精细的热管理（如先进的封装技术）以减少热能损失对于提高能源收集非常重要。

（4）环境因素（如天气条件、环境温度和湿度）以及工作时间（白天和夜晚）将影响电力生成的稳定性。

（5）额外的热 / 冷 / 电储存可能是有效增强不间断工作特性的有希望途径。与太阳加热和辐射冷却相关的技术（如光伏电池、温室空腔、相变材料和光热水蒸发）也可以集成到该电力系统中，以实现多样化的应用场景。

（6）在该系统中进一步应用横向热电效应（其中输入温度梯度和输出电场互相垂直）可能为被动电力生成系统带来新的创新。

（7）在未来市场导向的应用中，应考虑经济与节能之间的平衡。

本部分系统地回顾了能源收集器（太阳吸收器和辐射冷却器）和能源转换器（热电发电机）的基本原理和最新性能，并讨论了同时从太阳和冷空间捕获能源的最新进展、最佳策略、挑战和机遇。在一天内持续集成太阳加热和辐射冷却的不间断自供电热电发电机可以被预见为光明的未来能源，为下一代能源技术提供了强有力的替代路径，并预示着广泛领域的新应用。通过进一步优化微／纳米工程化材料与集成设备，这一新兴技术将对全球能源结构、环境保护和经济发展产生转变性影响。

辐射制冷与微纳热电芯片组合发电

目前，红外辐射制冷作为一种被动制冷方法已经在建筑物制冷、太阳能电池冷却等方面得到了广泛的研究应用。同时，具有全天候辐射制冷能力的材料的制备技术向规模化、简易化方向发展，给辐射制冷更大范围的应用提供了更大可行性。辐射制冷可以将物体的温度降低到物体周围环境温度以下，因此，将辐射体作为热电器件的冷端，而热电器件的另一端作为热端，改变一直以来研究的重点在增加热电器件热端温度的传统，降低热电器件冷端的温度，依此来增加热电器件的温差。

辐射制冷热电发电系统中的辐射体温度越低，系统的热电器件输出电压越高。热电器件表面与环境之间的复合换热系数越大，这意味着空气能够与热电器件进行更多的热量的传递。在相同的辐射体温度下，复合换热系数越大，系统输出的电压越高。对于相同的输出电压和具有一定冷却能力的辐射体，复合换热系数越大，辐射体温度越高。这意味着，当热交换系数较大时，辐射体与周围环境之间的温差减小。结果表明，当热电器件热端与环境有大的换热系数时，热电器件可以输出更高的电压。另外，对于在一定的辐射体温度下，较大的换热系数意味着更多的热输入，更多的热量转化为电能。因此，

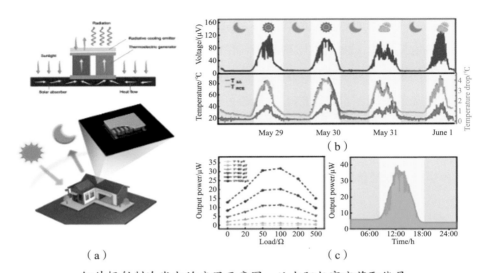

（a）　　　　（b）　　　　（c）

红外辐射制冷发电的应用示意图，从太阳与宇宙获取能量

热电器件中热电材料的性能是影响辐射制冷热电发电系统电压输出的一个重要因素。

目前，热电材料的热电转换效率仍然是制约热电器件应用的主要因素，开发出高性能的热电材料。未来开展研究具有高光谱选择性的热辐射体，减少太阳辐射对其辐射性能的影响也是需要研究的；热电器件与辐射体的集成也是未来研究重点之一。

基于辐射制冷的热电发电系统无须额外能源消耗，可将环境中的热能或太阳能直接转换为电能。从能源应用开发的角度来看，本节提到的能源应用方式因其特有的优点会吸引更多的研究者对其进行研究，该应用方式也有可能成为将来人们生产生活能源的重要来源之一。如果该方案能够实现实际应用，将会是一种改变人类能源应用方式的新方法，为缓解能源危机提供一种行之有效的解决方法。也许本方法可将人类发电方式从主要的污染环境的"蒸汽机时代"逐步带入到绿色的、可持续的、免费的"全天候芯片发电时代"。

考虑到这些明显的好处，应该考虑其他系统可能从这种辐射冷却方法中

受益最大。最吸引人的应用大概是将大量的自加热和对能源效率的显著需求
结合起来。在这一组合中,固态电子产品尤其突出,因为它们可以在白天经
历大量的户外辐射加热,以及电力输入和随后的散热。聚光光电(CPV)和
热光电(TPV)可能从这些方法中看到比标准光伏更大的好处,因为它们有
更大的热通量。

近年来,越来越多的工程技术人员和科研人员开始关注辐射制冷技术,
为辐射制冷技术的研究提供了源源不断的生命力,相关技术不断进步,相信
不久的将来,就能看到越来越多红外辐射制冷技术的市场应用场景。

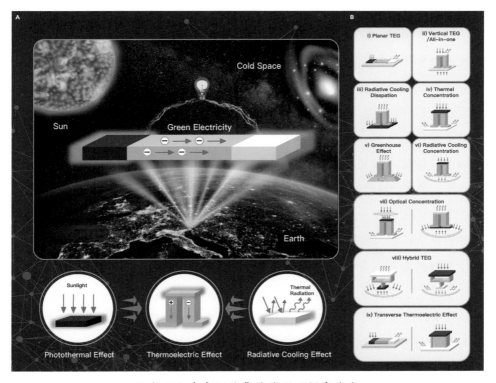

从太阳和冷空间收集热能用于绿色发电

太阳能吸收器（SA）通过光热效应捕获入射阳光并将其转化为热能。理想的 SA 应在全太阳光谱范围内（0.3～2.5 μm）展现高带宽光吸收，同时最小化透射率和反射率。金属纳米颗粒（如金、银、铂、碲）由于其局域表面等离子体效应，能将入射光限制在纳米尺度内，加强光与物质的相互作用，从而通过焦耳效应产生热能。然而，这些金属纳米颗粒主要吸收紫外线，需精心排列或组装以拓宽其吸收带宽。半导体材料（如 Ti_2O_3、Bi_2Te_3、$ZnFe_2O_4$）通过光激发下的电子 - 空穴生成和弛豫实现光热效应，但电子 - 空穴对在带隙边缘的辐射复合会降低其太阳能加热性能。引入带内能态、减小带隙和异质原子掺杂可以增强半导体的光吸收特性。

辐射冷却器（RC）通过大气透明窗口（8～13 μm）将热能发射到冷太空，冷却地面物体（约 300 K），无须任何能量输入。理想的 RC 应具备精确的波长选择性，最大限度地减少太阳光吸收，同时最大化中红外热辐射。聚合物（如聚二甲基硅氧烷、聚甲基戊烯）由于其化学键和功能基团与电磁波在振动频率上的相互作用，能实现热波长的宽带吸收。介电材料（如 SiO_2、Al_2O_3、ZnSe）在中红外波长上表现出强吸收，归因于声子极化子共振效应。除材料成分外，微米 / 纳米结构在精细调谐波长光谱响应方面也受到特别关注，以实现深度亚环境冷却。分布式布拉格反射器和法布里 – 珀罗结构利用多层结构的独特光学特性，实现电磁波的近完美吸收和反射。

先进的微米 / 纳米工程策略（如涂层、混合、多层、多孔、超材料、生物仿生结构）已被用来调节太阳能加热和辐射冷却的光热过程。最先进的纳米结构 SA 展示出几乎饱和的光吸收和接近 90% 的光热转换效率。此外，外部光学冷凝器的应用使得 SA 的加热温度从环境太阳通量下的 100℃升高到 1500℃，使其适合作为热电发电机的热端来收集太阳能。RC 在真空中已展示出理论上低于环境温度 60℃的冷却能力，在阳光下则实现了 42℃的实验性降温。报道的辐射冷却功率在环境温度下已达 156 W/m^2，成为热电发电机收集冷太空能量的有力冷源。因此，太阳和外太空成为绿色电力的可持续热力资源。

热电发电机通过材料内部热驱动载流子的定向运动，直接将热能转化为电能。性能参数包括品质因数（zT）和效率（η），用于评估热电材料和器件的性能。微米/纳米工程策略（如掺杂/合金化、低维、纳米复合和纳米夹杂/纳米孔）以及电子-声子行为的调节机制（如能带调制、能量过滤和全光谱声子散射）被提出以提高 zT 和 η。主流热电材料包括 BiTe 合金、有机复合材料、多组分氧化物、Ag_2X（X=Te、Se、S）、GeTe、$Mg_3(Sb,Bi)_2$、MgAgSb 化合物、笼型化合物、I-V-VI2 化合物、Mg_2Y（Y=Si、Sn、Ge）、填充钴矿、SnX、PbX、Cu_2X 等。实验室环境下，室温 BiTe 基材料的 zT 值通常在 1~1.5，SnSe 在 783 K 时的记录值为 3.1。商用热电发电机的 η 约为 5%，实验值已达到 15.2%。这些令人振奋的结果提升了热电发电机的应用前景。

SA-TEG 系统通过 SA 加热热电发电机，而冷太空通过 RC 冷却热电发电机。光学冷凝器的加入使太阳选择性吸收器与分段热电腿集成的 SA-TEG 系统效率达到 7.4%。夜间，RC-TEG 在黑暗中发电，输出超过 100 MW/m²。SA-TEG 和 RC-TEG 结构相似，功能和工作时间互补。在新兴的 SA-TEG-RC 设备中，SA 白天吸收太阳能，加热热电发电机的一端，而 RC 全天冷却另一端，从而在热电发电机上自发建立全天候温差，促进不间断发电。这些集成设备的理论效率分别达到 13.7% 和 40.5%，根据实验条件（SAs 的 Th=100℃ 和 1500℃，RCs 的 Tc=−35℃，TEGs 的 zT=3）计算。收集地球陆地面积千分之一的太阳能和辐射冷却功率的 8%，即可产生 26 300 TW·h 电力，完全满足 2022 年的全球电力消耗需求。

尽管 SA-TEG-RC 系统展现出巨大的潜力，但其在科学和工程上仍面临许多挑战，这项自供电技术的主要优势在于其能够提供无限、强大且可持续的电力输出，不受地理和时间限制。未来，该技术有望应用于个性化定制的小型电子设备、区域和全球的大规模试点操作。结合碳中和电力系统，这些电力传感器和系统将带来深远的环境和经济效益。

通过热电、太阳能和辐射冷却技术的跨学科集成，SA-TEG-RC 系统为可持续电力技术开辟了新的研究方向和应用前景。

传统的可穿戴热电机（w-TEGs）面临体温和环境温度之间温差过小导致的发电量不足的问题。为了解决该问题，笔者团队创新性地将光热和辐射制冷集成在可穿戴式热电机系统中，实现了大量的不间断发电。光热技术由柔性的多层介电 - 金属堆叠的选择性太阳能吸收器（m-SSA）实现。该吸收器的太阳能吸收率高达 93%，热发射率降低到 10%，在室外实验中自热温度高达 108℃。辐射制冷技术由柔性的多层分孔辐射制冷器（HP-RC）实现，它能反射 96% 的太阳光并实现 97% 的中红外辐射能力，即使在 42℃的环境温度下，也能实现高达 10℃的冷却。该集成系统为人体实现了 198 mW/m² 的输出功率，为户外机器人实现了 52 mW/m² 的输出功率，实现了取之不尽用之不竭的热能量持续发电，为可穿戴自供电设备带来了希望。

给机器人和人体的可穿戴设备供电

笔者团队通过集成 m-SSA、分层多孔 HP-RC 和柔性 H-TEG，开发了一种灵活、可穿戴、自供电的发电机。通过改进 m-SSA 的介电 - 金属堆叠结构和参数，制备分层多孔的 HP-RC，实现了对太阳光吸收和中红外发射的协同作用。同时，这种薄膜还具有优异的机械性能和疏水性，增强了复杂室外环境的适用性。通过对 H-TEG 的几何参数和结构进行优化，使得填充系数显著提高至 26.6%，对太阳能吸收器和辐射制冷进行了两种整合方式——R-TEG 和 S-TEG。每种发电机都设计有不同的热管理策略，以利用来自太阳、寒冷空间和人体（或机器人）的能量。该研究显示了集成发电机在可穿戴电子设备供电、提高设备便携性和自主性以及推进相关技术方面的潜力，对可持续能源发展具有十分重要的意义。

9 种火

给太阳"搬"个家

分子光储热技术（MOST）实现"种太阳"的梦想？

目前，科学家研究的可再生能源主要包括太阳能、风能、地热能和潮汐能。其中，太阳能储量最为丰富。太阳的寿命至少还有几十亿年，因此太阳能被称为"取之不尽、用之不竭"的能源。据统计，2015 年辐射到地球的太阳能总量约为 23 000 TWy，而同年全球能源消耗约为 18.5 TWy。这意味着，如果我们能 100% 利用太阳能，仅需收集约 7 小时的太阳辐射，就能满足人类全年的能源需求。然而，尽管太阳能储量丰富，但其具有季节性和间歇性的特点，地表的太阳辐射还受到天气、季节和地理环境等因素的影响。因此，高效地收集、转化和储存太阳能是太阳能利用领域最具挑战的科学问题。目前，太阳能转化和储存主要有以下三种方法：

（1）光伏电池：光伏电池利用光生伏特效应将太阳能转换为电能，具有结构简单、易安装和可循环使用等优点。近年来，光伏电池发展迅速，仅在 2020 年，太阳能发电容量增加了 20%，几乎是此前最高年度增幅的两倍。然而，光伏电池需要与其他储能系统结合，才能实现太阳能的大规模有效储存。

（2）人工光合作用：人工光合作用将太阳能转化为可利用的化学能，具有能量密度高、易储存等优点。常见的人工光合作用包括太阳能分解水制氢气和光驱动二氧化碳向有机物的转化。然而，这一过程需要同时从外界环境中捕获物质和能量，是一个热力学开放体系，易对周围环境造成影响。此外，所用的催化剂生产成本高，目前仍处于实验室研究阶段。

（3）太阳能集热器：太阳能集热器吸收太阳辐射，将其转化为热量，并将产生的热能传递到传热介质中，广泛应用于家庭生活和工业生产中。通常，集热器与周围环境存在热量差，导致热交换和热量损失。尽管可以通过技术手段降低热损失，但仍难以实现长期稳定的热能储存。

分子光储热技术（MOST）是一种新兴的太阳能储能方法，它通过分子体系在光照下的可逆化学反应来实现太阳能的捕获、储存和释放。这种技术结合了光化学和热化学过程，提供了一种高效的太阳能利用途径，克服了传统太阳能利用方法的某些限制。

分子光储热技术的核心是光致变色分子。这些分子在吸收光子（通常是太阳光）后，会发生化学结构的变化，从而储存能量。这个过程通常是可逆的，当需要释放储存的能量时，通过加热或其他刺激手段，可以让分子恢复到原来的状态，同时释放出热能：

（1）光照吸收：处于稳态的异构体吸收太阳光中特定波长的光子能量，转化为亚稳态的异构体，将太阳能转化为化学能。分子在阳光照射下吸收光子，发生光化学反应，形成高能量状态的分子。

（2）能量储存：相对于稳态的异构体，亚稳态异构体具有更高的能量，两种异构体之间的异构焓即为储存的能量 ΔH_{storge}。并且亚稳态异构体需要克服恢复能垒 ΔE_a，才能恢复为稳态异构体，可用回复半衰期 $t_{1/2}$ 来表示能量在亚稳态异构体中储存的稳定性。这些高能量状态的分子可以稳定存在一段时间，储存吸收的能量。由于以化学方法存储能量是非常稳定的，如石油、天然气等可以稳定存储百万年。目前的技术，某些分子光储热材料的能量存储半衰期超过 20 年，比用化学电池存储能量的时间（往往按天计算）要长久稳定得多。

（3）能量释放：当需要释放储存的能量时，通过加热等刺激，使分子回到低能量状态，释放出储存的热能。在一定外部刺激下，亚稳态异构体克服恢复能垒 ΔE_a，将储存在亚稳态异构体中的化学能以热能的形式释放出来，分子恢复为稳态异构体。

分子光储热技术有三个明显特点：

（1）高能量密度：相比于传统的热储存材料，分子光储热技术的能量密度更高，能更有效地储存和释放能量。

（2）长时间储存：高能量状态的分子能够稳定存在较长时间，减少了能量损失，可以在需要时随时释放储存的能量。

（3）可控性强：能量的释放过程可以通过温度等外部条件精确控制，确保能量在需要的时候释放。

分子光储热技术应用领域包括：

（1）太阳能热电转换：通过分子光储热技术，可以高效地将太阳能转化为热能，并储存在分子体系中，随时转化为电能。

（2）建筑供热：分子光储热技术可以用于建筑物的供热系统，通过白天储存太阳能，晚上释放热能，提供持续的热源。

（3）工业热利用：在工业生产过程中，分子光储热技术可以用于储存和释放热能，提高能源利用效率，减少对传统能源的依赖。

尽管分子光储热技术具有巨大的潜力，但目前仍面临一些技术挑战：

（1）材料选择：需要开发稳定、高效的光致变色分子，能够在实际条件下长期使用。

（2）效率提升：提高光化学反应的效率，使更多的太阳能能够被吸收和储存。

（3）成本控制：降低材料和生产成本，使分子光储热技术具有经济可行性。

分子光储热技术提供了一种新颖、高效的太阳能储能方法，具有广泛的应用前景。通过持续的研究和技术开发，这项技术有望在未来成为太阳能利用技术的重要组成部分，为可再生能源的发展和应用提供新的解决方案。

这一体系在整个太阳能的吸收、转化、储存和释放过程中，与外界环境只有能量的交换而没有物质的交换，并且分子只是在两种构型之间转变，不涉及分子的损耗。

给太阳能搬个家再发电

2022 年中国上海交通大学胡志宇教授、李涛教授团队与瑞典查尔姆斯理工大学 Kasper Moth-Poulsen 教授团队共同提出了一种可持续能源的解决方案：采用 MOST 与 MEMS-TEG 组合太阳能储能发电技术，既可以把太阳能安全高效存储（如存储夏天 / 白天的太阳能量），还可以把存储了太阳能的 MOST 材料运到需要的地方，根据需求放出热量并且提供电力（如冬季或夜间）。研究团队展示了把存储有瑞典哥德堡的太阳能的 MOST 材料（降冰片二烯），几个月后运到中国上海，成功利用 MEMS-TEG 热电芯片进行了按需放热发电的实验室演示。

对于液态 MOST，瑞典查尔姆斯理工大学 Kasper Moth-Poulsen 教授与汪志航博士团队以 2+2 环加成反应为机理的降冰片二烯（NBD）为基本分子，通过引入给受体基团，将吸收谱红移至近可见光范围。其量子转换产率在甲苯中实测高达 68%，可储存焓值高达 $\Delta H_{storage} = 93$ kJ/mol。对于固态 MOST，中国上海交通大学李涛教授与张召阳博士团队通过功能化顺反异构吡唑偶氮苯（AZO），成功将相变能量储存引入可储存焓值，实测最终 $\Delta H_{storage} = \Delta H_{isom} + \Delta H_{phase\ change} = 102$ kJ/mol。在放热实验中，通过使用钴酞菁催化剂，降冰片二烯衍生物在 0.78M 甲苯溶液中实测释放出 13℃绝对温差。而吡唑偶氮分子衍生物则通过光引发释放出 17℃绝对温差。此次试验首次实现了分子太阳能至热能储存释放继而转换为电能；成功生产出一种新型微机电超薄热电芯片用于低品位热能至电能的转换；首次实现了微小尺度阵列组合热电器件的连续电功率输出。

伴随全球人口的持续增长，能源的需求正在日益加重。**然而，以煤炭、石油和天然气为主的传统能源却正在逐步耗尽，并对人类生存环境造成诸多有害影响。开发新型环保的可持续能源正是当务之急。太阳作为人类取之不**

尽的能量源，近年来一直作为科研热点被加以开发。在众多课题中，将光能
储存在化学键中，并在未来有需求时放出能量加以使用的想法尤为新颖。分
子光储热系统即是一种新型能源储存的概念，旨在使用光开关分子可吸光继
而通过异构化反应形成高能同素异构体的特有属性，将光能转化为化学键能
加以储存。当需使用时，通过催化剂或其他方式将储能以热的形式释放出来。
通过使用热电芯片，释放的热能将被转化成电能加以利用；至此，一种新型、
不受时间和空间限制的有机太阳能电池应运而生。

MOST 与 MEMS-TEG 发电概念示意图

太阳能的开发和利用，有望满足全球日益增长的能源需求，加快能源消
费结构向清洁低碳转变。但是，由于太阳能的间歇性特征，因此需要开发太
阳能储存技术。其中一种有潜力的方法是基于光开关分子来实现太阳能的储
存，即分子光储热。光开关分子，在吸收光后会从低能量的基态转变为具有
高能量的亚稳态异构体，如果亚稳态异构体具有足够的稳定性，这样就实现
了光能转化为分子的化学能。触发亚稳态异构体向稳态异构体转变，储存的
能量以热能形式释放出来。在此，我们重点总结了降冰片二烯和偶氮苯分子
体系在太阳能储热系统的研究进展。讨论了通过分子结构优化，来提高太阳
能捕获、转化、储存和释放方面的性能。例如，给 - 受体结构红移了降冰片

二烯的吸收波长，光化学相变和纳米碳材料提高了偶氮苯的能量密度，杂环取代改善了偶氮苯能量储存时间。

（a）

（b）　　　　　　　　　　　　（c）

使用的两种 MOST 化合物结构和吸收光谱：（a）NBD 和 AZO 光开关对的分子结构。热（Δ）或催化（cat.）路线可以促进 QC → NBD 的反向转化。顺式→反式 AZO 的反向转化可以通过热或光诱导来实现；（b）用 340 nm 光（甲苯中）照射前后 NBD 的吸收曲线；（c）AZO 光开关在 365 nm 光（乙腈中）照射前后的吸收曲线

为了将释放的热量有效转化为电能，笔者团队设计制造出了一种高效灵敏的高集成、大阵列微机电系统温差热电芯片（MEMS-TEG），MEMS 热电芯片可以在传统机械式热机无法工作的很小温差（<0.001℃）条件下有效发电，芯片发电系统没有运动部件，具有无噪声、使用寿命长、可以模块化组合、规模化生产低成本等优点。这个国际合作团队在论文中展示了利用两种

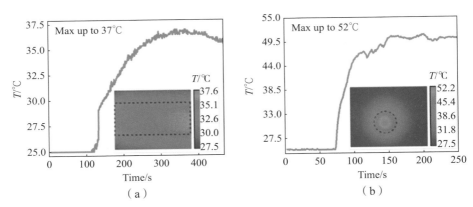

红外热像仪下 NBD 和 AZO 的宏观放热性能：（a）储能后的 NBD 系统放热试验；（b）储能后的 AZO 系统放热试验。

MOST 材料释放的低品位热能，在 1 μm 厚的热电器件上建立温差，并将其转化为电能。通过简单的原型实验，降冰片二烯衍生物最终可放出高达 0.1 nW，吡唑偶氮苯为 0.06 nW。

该研究首次将两种类型的 MOST 分子嵌入热电器件中，以验证太阳能储存并且发电的实验室验证。这样的化学材料与热电芯片的创新组合，可以有效地将太阳能光谱转化为化学能，然后根据需要将储存的太阳能作为热能释放出来发电。这种绿色能源技术将创造一种利用太阳能的新方式，将阳光转化为不受时间、空间和地理位置限制的电能。在这篇论文中瑞典团队先把哥德堡的太阳能存储在 MOST 材料降冰片二烯中，几个月后利用这个存储了瑞典太阳能量的材料，在中国上海成功进行了按需放热发电的演示。

发展可再生能源技术是实现碳中和可持续能源社会目标的一个重点，由于地面上太阳能光照受地理位置、时间与气候影响很大，光照不连续也缺乏稳定性，如何克服太阳能利用受自然条件限制是一项很有挑战性的工作。MOST 与 MEMS-TEG 组合太阳能储能发电技术，既可以把太阳能安全高效存

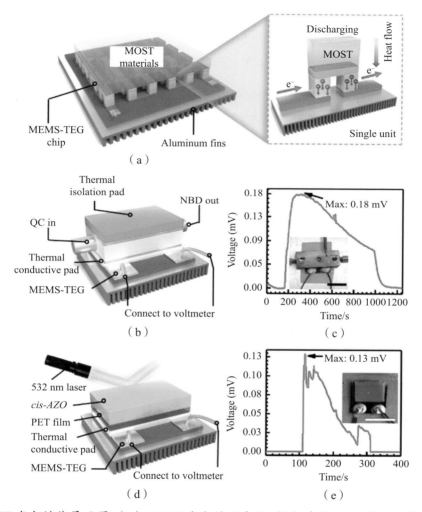

MOST 发电性能展示图：（a）MOST 发电的示意图；（b）基于 NBD 的太阳能储能发电实验装置；（c）通过热电偶和 MEMS-TEG 芯片随时间产生的电压监测热量释放；（d）基于 AZO 薄膜的太阳能发电的示意图实验装置；（e）MEMS-TEG 芯片随时间产生的净电压。

储（如存储夏天 / 白天的太阳），还可以把存储了太阳能的 MOST 材料运到需要的地方，并在需要时放出热量和提供电力（如冬季 / 夜晚）。未来随着进一步提高能量利用率与规模化生产方面的突破，该技术有望在化石能源缺乏的地区得到广泛的应用。

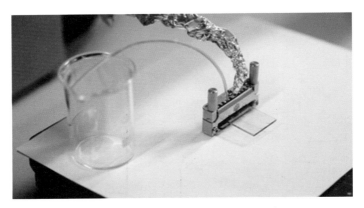

分子太阳光热化学储能（MOST）

MOST+ micro-TED 实现太阳能的存储与发电

MOST+micro-TED 项目入选 2022 年瑞典皇家工程科学院年度重大科学进展

　　中国与瑞典团队的合作研究成果发表在 *Cell Reports Physical Science* 上，被评为该期刊年度"Hot Papers–2022"及"Impactful Research"。该研究获得了 *Cell Press*、世界经济论坛和中国微米纳米技术学会等的重点报道，并被 *GE News* 评选为"The 5 Coolest Things On Earth This Week"。在 2022 年 10 月召开的瑞典皇家工程科学学会（IVA）年会上，该成果被选为年度重大科技进展。瑞典查尔姆斯理工大学在官网上发布了专门的新闻通报，随后此项研究被全球超过 800 家媒体报道，总浏览量超过 12 亿次。中瑞团队提出的这一概念性技术已被纳入联合国可持续发展目标（SDG 7），未来将进一步推动可再生能源的开发利用及能源转型路径的相关技术创新与应用研究。2024 年 8 月，笔者因在微机电系统（MEMS）热电芯片研发方面的贡献荣获 2024 年度"R&D100"可持续创新者大奖（Sustainability Innovator of the year）。该奖旨在表彰具有商业价值的革命性新产品、新技术和新材料，被誉为科技创新界的"奥斯卡奖"和工程领域的"诺贝尔奖"。

R&D 主编访谈

2024 年度"R&D 100"可持续创新者奖标志

10 逐火

重返星辰大海，纳米之火可以燎原

碳中和与全球气候变化带来的挑战与机遇

化石燃料指的是一类富含碳氢化合物的物质，例如煤、石油和天然气，这些物质是在地壳深处，经过数百万年的自然过程，由已逝去的植物和动物遗骸所形成的。这些化石燃料被开采并用于各种用途，包括直接产生热能（如用于烹饪或供暖）、为发动机提供动力（例如内燃机中的机动车辆），以及发电。有些化石燃料在使用之前需要经过精炼过程，转化为衍生产品，如煤油、汽油和丙烷。

化石燃料的形成源自埋藏的死亡生物体在缺乏氧气的条件下逐渐分解，这些生物体中含有光合作用中产生的有机分子。这个从生物体到高碳化石燃料的转变通常需要经历数百万年的地质过程。

根据 2019 年国际能源署（IEA）的数据，全球约 84% 的初级能源消耗和 64% 的电力生产依赖化石燃料。然而，大规模的化石燃烧活动给环境带来了严重的破坏。超过 80% 的二自氧化碳（CO_2）排放来自人类活动中的燃烧过程，其余的 CO_2 来自自然的变化。这些 CO_2 大部分被海洋吸收，只有一小部分被自然过程去除，这导致大气中的 CO_2 每年净增加数十亿吨。此外，尽管甲烷泄漏也对气候变化产生重要影响，但化石燃料的燃烧仍然是全球变暖和海洋酸化的主要温室气体排放来源。此外，绝大多数空气污染死亡事件与从化石燃料释放的颗粒物和有害气体相关。据估计，这对经济造成了负担，损耗了全球国内生产总值的 3% 以上。有人认为，逐步淘汰化石燃料可能每年拯救数百万人的生命。

"化石燃料"这一术语最早可以追溯到 1759 年，由德国化学家诺伊曼（Caspar Neumann）在英文著作中首次使用。化石这一形容词的含义指的是"通过挖掘获得的；发现于地下"，其历史可以追溯至至少 1652 年，早于英语名词"化石"，并主要指的是早在 18 世纪初已经逝去的生物体的遗骸。

数百万年前，在缺氧的环境中，大量水生浮游植物和浮游动物死亡并沉积，开始了形成石油和天然气的过程。随着地质时间的推移，这些有机物与泥浆混合，被埋在更厚的无机沉积物层下。高温和高压引起了有机物的化学变化，首先转化为一种被称为干酪根的蜡状物质，这种物质存在于油页岩中。然后，在一个称为还原作用的过程中，它们逐渐转化成液态和气态碳氢化合物。尽管经历了这些高温驱动的转变，化石燃料的能量本质上仍然源自光合作用。

与此同时，陆地上的植物通常会形成煤和甲烷。许多煤田的历史可以追溯到地球历史上的石炭纪。陆地植物也会形成干酪根，这是天然气的来源。尽管化石燃料是通过自然过程不断形成的，但它们被归类为不可再生资源，因为它们需要数百万年的时间才能形成，并且已知的可用储量的消耗速度远远快于新储量的产生速度。

化石燃料对人类的发展至关重要，因为它们可以轻松地在露天大气中燃烧，产生热量。泥炭作为家庭燃料的使用历史可以追溯到史前时代。一些早期的冶金熔炉使用煤炭冶炼金属矿石，而古代社会也利用来自油渗的半固态碳氢化合物，主要用于防水和防腐。

在 18 世纪下半叶之前，人们主要依赖风车和水车来提供磨面粉、锯木头、抽水等工作所需的能源，同时使用燃烧木材或泥炭来供应生活热量。商业石油开采始于 19 世纪。曾被视为石油生产的副产品而被燃烧的天然气如今被认为是一种非常有价值的资源。天然气矿床也是氦气的主要来源。

重质原油比传统原油更加黏稠，而沥青与沙子和黏土混合，从 21 世纪初期开始化石燃料变得更加重要。油页岩和类似的材料是含有干酪根的沉积岩，干酪根是一种高分子量有机化合物的复杂混合物，经加热（热解）后可以生成合成原油。经过额外的加工，它们可以替代其他已有的化石燃料。

随着蒸汽机的发明和广泛使用，其中化石燃料（首先是煤炭，后来是石油）

的应用促进了工业革命的发展。同时，使用天然气或煤气的煤气灯也开始被广泛使用。内燃机的发明及其在汽车和卡车上的应用大大增加了对汽油和柴油的需求，而汽油和柴油都是由化石燃料制成的。此外，其他形式的运输工具、铁路和飞机也需要化石燃料来运行。化石燃料的另一个主要用途是发电和作为石化工业的原材料，其中焦沥是石油开采的副产品，用于道路建设。

绿色革命的能源来源于化肥（天然气）、农药（石油）以及碳氢化合物灌溉等形式的化石燃料。合成氮肥的发展极大地支撑了全球人口增长，据估计，目前地球上近一半的人口依赖使用合成氮肥获得食物。化肥商品价格机构负责人指出，"世界上 50% 的粮食依赖化肥"。

化石燃料的燃烧会带来许多负面外部影响，即对环境产生有害影响，其影响范围超出了燃料使用者的范围。实际影响程度取决于所使用的燃料类型。所有化石燃料在燃烧时都会释放二氧化碳，从而加速气候变化。煤炭的燃烧以及较小程度的石油及其衍生物的燃烧会导致大气颗粒物、烟雾和酸雨的产生。

气候变化在很大程度上由二氧化碳等温室气体的排放所驱动，而化石燃料的燃烧是这些排放的主要来源。在世界上大部分地区，气候变化已经对生态系统产生了负面影响，包括导致物种灭绝和降低粮食产量，加剧了全球饥饿问题。全球气温持续上升将对生态系统和人类造成进一步不利影响，世界卫生组织（WHO）已经指出，气候变化是 21 世纪人类健康的最大威胁。

此外，化石燃料的燃烧还会产生硫酸和硝酸，这些酸以酸雨的形式降落到地球上，对自然区域和建筑环境造成危害。由大理石和石灰石制成的纪念碑和雕塑特别容易受到伤害，因为酸雨会溶解其中的碳酸钙。

此外，化石燃料中还含有放射性物质，主要是铀和钍，它们会被释放到大气中。仅在 2000 年，全球因燃煤释放了约 12 000 t 钍和 5000 t 铀。据估计，1982 年，美国向大气中燃煤释放的放射性物质是三哩岛核事故放射性物质的

155 倍。

　　除燃烧的影响外，化石燃料的采集、加工和分配也对环境产生影响。煤炭采矿特别是山顶矿和露天矿的开采，对环境产生了负面影响，而海上石油钻探对水生生物造成危害。化石燃料井可能通过逸散性气体排放导致甲烷释放。炼油厂也会对环境产生负面影响，包括空气和水污染。煤炭有时由柴油机车运输，而原油通常由油轮运输，需要燃烧额外的化石燃料。

　　为应对化石燃料的负面影响，人们已经采取了各种缓解措施，包括推广使用可再生能源等替代能源。环境监管机构采用多种方法来限制化石燃料的排放，例如，实施禁止将废弃物排放到大气中的规定。

　　然而，尽管存在这些措施，2020 年 12 月联合国发布的报告指出，各国政府仍然在"加倍投入"化石燃料领域，甚至在某些情况下将超过 50% 的 COVID-19 疫情复苏刺激资金用于化石燃料生产，而不是用于替代能源。联合国秘书长安东尼奥·古特雷斯表示，"人类正在向自然发动战争。这是自杀行为。大自然总是会反击，而且它已经在以越来越大的力量和愤怒进行反击"。

寻找人类与自然的共存之道

　　地球上的万物生长都取决于太阳的能量。由于持续暴露在阳光下，地球表面始终保持一定的温度。工业革命以来，日益增加的人类活动造成了全球变暖与普遍的环境污染，已成为人类社会必须直接面对的事实。人们一直在积极寻求减缓全球气温上升的速度与减少环境污染的方法。未来如何获得真正绿色、可持续、充沛而足以支撑未来我国乃至全世界社会经济发展的能源是摆在我们面前的首要问题。

　　人们一直期望人类能够像自然一样找到无尽的能源供应。是否有可能获得一种技术，可以直接转换地球上普遍存在，取之不尽，用之不竭的超低质量（温度差小于25℃）的环境热量，而无须提供额外的电能发电？有了如此先进的能源技术，人类在未来的大规模使用后，将获得真正可持续的，完全环保的绿色能源，并彻底摆脱对石化能源的依赖。使用环境热能发电的另一个非常重要的原因是，它可以从根本上解决世界上当前的能源平衡和公平问题。当前，所有能源，无论是石油、天然气、水电、核电、太阳能、风电等，都存在根本问题，即能源分配不均。这些不平等的能源分配引起了无数争端，甚至战争，也给世界人民带来了无数的灾难。

从自然界的能源来源与持续性来看，万物生长靠太阳，由于有太阳持续的照射，地球会一直保持一定的温度，更重要的是因为有持续巨量的光、热能量输入地球，我们就可以有可靠、充沛、持续的能源资源。温室、太阳能热水器是目前我国应用最广泛的太阳热能采集与利用方式，截至2018年，我国温室面积高达151.6亿 m^2，太阳能集热器面积达5.3亿 m^2，两者之和为156.9亿 m^2。按照太阳入射热能量0.8 kW·h/m^2，平均每天利用太阳热6 h计算，每天这些太阳能集热器可以采集高达525亿 kW·h。如果能够以10%的效率转换为电能，每年这些温室与太阳能集热器就可以发电19 500亿 kW·h，是2018年全国火电与核电发电量46 504亿 kW·h的41.97%，是我国每年进口石油所能够产生全部能量的2倍还多。太阳热能是取之不尽用之不竭的绿色能源，温室、太阳能热水器造价低廉，安装与应用地域场景十分广阔。目前所缺乏的是一种能够把这些超低品质热能量（温差小于20℃）转换为电力的技术。工业革命以来人类活动使得全球气候变暖，这已经成为人类不得不直接面对的事实，人们一直在积极寻找一种能够减缓或降低全球气温升高的技术。如果一旦这样的技术能够广泛使用，就为人类找到了真正可持续的绿色能源。

人类需要与自然和谐相处（笔者拍摄）

大自然是人类的生存之本和发展之基，自然界先于人类的存在而存在，人类的发展受制于自然，自然因为人类的创造更加丰富。自然具有不依赖人的内在创造力，但是它不仅创造了地球上适合生命存在的环境和条件，而且创造了包括人在内的各种生命物种和整个生态系统。人类发展的历史告诉我们，唯有通过创新才能够解决所有在发展中遇到的各种问题。自然资源的蕴藏量与承受力是有限的，但是我们人类的创造力是无限的。相信通过全世界的共同努力，环境污染、气候变化等这些人类带来的问题终有一天会由人类自己妥善解决，人与自然会找到一个长久和谐共生的方式。

"取下你的灵魂，把它当作火把；取下你的心，把它当作火种"。室温纳米催化燃烧不会产生如 NO_x 等污染物，为当今饱受雾霾困扰的社会带来节能减排新思路，同给人类带来火种和希望的"普罗米修斯"式的筑梦者。

室温纳米催化燃烧具有许多潜在的优势，特别是在能源效率、环境友好性和产物选择性方面。然而，要实现其在实际应用中的成功，需要克服催化活性、反应速率和催化剂稳定性等方面的挑战。这些需要通过进一步的研究来逐步完善与改进。

基础科学研究与科技创新应用，这么近，那么远

我们的祖先创造了影响人类文明进程的"四大发明"，可是我们应该注意到其中距我们最近的一个发明是活字印刷术，它发明于近一千年前的北宋时期。我们把"四大发明"作为民族的荣耀代代相传，在 2008 年的北京奥运会上，这也是我们向全世界展示中华民族对于人类文明贡献的主要内容。

可今天当我们环顾四周，我们会发现几乎所有在近现代世界发展中产生过巨大影响的重要发明几乎都不是由我们中国人所创造的。作为一个拥有 14 亿多人口的民族，我们今后如何才能够真正赢得其他民族的尊重是一个需要我们大家认真思考的问题。我们将来如何通过自主创新对于整个人类科技与文明的发展做出贡献，将决定未来我们在全世界人民心目中的实际影响力和国际政治格局，也将决定中华民族伟大复兴的成败。

当年"两弹一星"科学家要在一穷二白的基础上实现关键装备"从无到有"的突破，需要国家"集中力量办大事"，克服物质条件严重不足的困难。而我们现在面对的却是"从有到优、从大到强、从跟随到引领"的创新瓶颈，制约我们的已不再是匮乏的物质基础。近三十多年来，中国经济的快速发展使得国家和企业能够在科研项目中投入大量资金，但仅是金钱的投入是买不来创新的。

据相关统计，自 1976 年至 2020 年，美国共培育了 249 位诺贝尔物理、化学、生物医学和经济学奖获得者。按照这 45 年的科技投入累计计算，平均每花费约 237.1 亿美元（约合 1527.2 亿元人民币）就能够产生 1 位诺贝尔奖获得者。若从成本产出的角度看，我国 2020 年全社会科技投入为 2.4 万亿元人民币，按此比例我国应该培养出约 15.7 位诺贝尔奖获得者。

近百年来，我们一直在学习，"山寨"在当今中国仍然有一定市场，然而，

"山寨"的成本变得过于高昂。考量"山寨"的成本可以从政治、时间和经济的角度分别进行：

政治账："山寨"的可怕之处在于对民族创新精神的摧残和创新能力的扼杀。中国要成为世界强国，必须采取"超越"战略，占领科技制高点，引领新的科技时代，从而推动经济发展。为实现这一目标，必须改变当前的科技发展模式和目标，从"跟踪和学习"坚决转向"原始创新与超越"。

www.whb.cn
2014 年 10 月 31 日 星期五 **文匯報**

"如何重建创新的文化自信" 大讨论④ ▶

"山寨文化"不破除
创新自信难建立

胡志宇（国家"千人计划"专家、上海交通大学
"致远"讲席教授、上海大学特聘教授）

应该承认，"山寨有益论"在国内还是有相当市场的。同情、支持者的一个主要观点是：对发展中国家而言，"山寨"可能是必须经历的一个阶段，也在很大程度上增强了我们的经济实力。但这种所谓的"山寨有理论"与创新精神背道而驰，不真正认识"山寨"的有害性，我们的创新自信就无从建立

笔者撰写"山寨文化"不破除创新自信难建（《文汇报》，2014 年 10 月 31 日，第二版）

时间账：如果我们仍然亦步亦趋地模仿，一万年后，我们依然会远远落后于他人。即使我们紧随他人的步伐，最多只能学到"N-1代"的技术，而我们并不清楚别人的技术储备。因此，"山寨"所能学到的只是"N-1-M（技术储备）代"技术。

经济账："山寨"和模仿本身需要大量金钱、人力和物力，关键是大规模的投入之后仍然会处于技术上的落后状态。以我国 20 世纪 80 年代从国外引进彩色电视机生产线的案例为例，我国引进了 200 多条显像管彩色电视机生产线，到 2002 年前后，我国生产的显像管彩色电视机已经占据了 80% 以上的国际市场。然而，国际著名厂家却纷纷高价把使用显像管的彩色电视机方面的设计、专利和生产线卖给了中国厂家，并且全面退出这个市场。几年后，这些国际厂家将数字高清平板电视重新带回，中国厂家又开始购买生产线和专利技术，不断重复 30 年前的过程。

"山寨"文化为何今天在我们这个曾经引领世界文明与经济发展的古国成为一个困扰我们多年的问题，这是一个需要深思熟虑的问题。回顾自"鸦片战争"以来的近现代史，当西方列强以"坚船利炮"打败了闭关锁国的清王朝时，也极大动摇了人们的自信心。接着，一船又一船五光十色的舶来品到达中国，国人所看到的都是商品化的成品，对这些产品的制造过程几乎一无所知，因此无法想象这些产品是通过怎样艰难的发明和复杂的研发过程获得的。部分人以最快、最相似地复制国外成果为荣，对于下一步的计划，他们毫不犹豫地表示："等国外推出下一代产品，再接着'山寨'。"他们似乎没有意识到一个基本的道理，即再好的临摹也不会改变其为赝品的本质。

三极管与集成电路是我们今天所有电子产品的基础。每年我国花费在进口集成电路上的费用已经超过进口石油的费用。打开任何一台计算机或手机，我们都能够看到排列整齐、闪闪发光的各种电子元件，包括集成电路芯片在内。然而，世界上第一颗三极管的原型，其管脚是用一根回形针制作的，这项成果后来获得了 1956 年诺贝尔奖。而世界上第一个集成电路，是用导电胶水把一个晶体管和几个电阻、电容黏合在一块锗片上的。由于做出的样品实在太难看，以至于其发明者杰克·基尔比（Jack Kilby，1923—2005）得知其获得 2000 年诺贝尔物理学奖时说："如果知道你们会给我奖的话，我当时会把样品做得漂亮些。"如果这样的成果发生在今天，很有可能得不到任何支持。

摒弃"山寨"、勇于创新，纳米之火必可燎原

一项真正能够促进人类科技与文明进步的思想与发明，衡量其价值与历史地位是跨越时代与国界的。美国是世界上首屈一指的航天强国，50多年前就能够把人送上月球。而如果你有机会到坐落在美国首都华盛顿，美国国会旁的美国航天航空博物馆参观时，在介绍火箭起源时的第一幅画下面注明的是一位名字为"万户"的中国人，他把几十个过节用的礼花绑在一个轿子上，成为人类第一位尝试利用火箭升空的人。我们的祖先曾经创造了包括地动仪、马镫、水动计时机等很多世界第一的伟大发明，因此，中国人并非天生地不会创新，更非缺乏创新的勇气。

然而，今天我们的自信心的缺失表现在影响我们开展创新的各个方面。在中国填写各种科研申请书时，第一项要求大多都是"说明此项技术的国内外发展现状"。这看似合理的要求，实际上是非常不自信的表现。如果你提出一个没有外国人做过的工作，就会被问："外国人都不研究，为什么你要研究？"而在美国的项目申请书中，第一项往往是"说明此项目开展的原因及其意义"。在一些项目评审过程中，对于是否符合程序的关注远远超过对于项目本身意义的关心。此外，一些违背学术道德的行为，使得那些具有真正革命性的创新思想更加难以得到支持。

科学研究需要回归科学的本质——满足人类对于了解自然规律的好奇心、探索真理的梦想。目前的评价体系往往以论文、课题、项目、奖项等硬性指标作为评价的依据，产生了"成果是评出来的"之说。然而，有不少评出来的成果在国际学术界得不到认可，更缺乏实际影响力。科学本身是没有重点

还是非重点的，人为地将学科划分为三六九等是非常荒谬的，科学的发展必须遵循其自身的发展规律，不能够也没有必要进行人为的设定。

　　研究西方国家300年来的兴衰成败历史，我们得出的结论是，科技创新，尤其是原始科技创新，在国家崛起过程中发挥着关键作用。从未有一个大国能够依靠科技模仿和"山寨"实现国家崛起。中国要成为世界第一强国，必须拥有引领世界生产力发生根本变革的原始创新技术。同时，还必须具备将原始技术创新转变为实际生产力的产业创新，从而引起产业结构以及人类生产和生活方式的革命性变革。

主要参考文献

[1] PEEBLES P J, Ratra B. The cosmological constant and dark energy[J]. Review of Modern Physics, 2003, 75.

[2] LIVIO, MARIO. Lost in translation: Mystery of the Missing text solved[J]. Nature. 2011,479(7372): 171-173.

[3] BONANNO A, SCHLATTL H, PATERNÒ L. The age of the Sun and the relativistic corrections in the EOS[J]. Astronomy & Astrophysics, 2002, 390(3): 1115-1118.

[4] AMELIN Y, KROT A N, HUTCHEON I D, et al. Lead Isotopic Ages of Chondrules and Calcium-Aluminum-Rich Inclusions[J]. Science, 2002. 297: 1678-1683.

[5] BAKER J, BIZZARRO M, WITTIG N, et al. Early planetesimal melting from an age of 4. 5662 Gyr for differentiated meteorites[J]. Nature, 2005, 436(7054): 1127-1131.

[6] SCHRÖDER K P, CONNON SMITH R. Distant future of the Sun and Earth revisited[J]. Monthly Notices of the Royal Astronomical Society, 2008, 386(1): 155-163.

[7] SACKMANN I, BOOTHROYD A I, Kraemer K E. Our sun. Ⅲ. Present and future[J]. Astrophysical Journal,1993, 418: 457.

[8] JAMES R WELTY, CHARLES E WICKS, ROBERT ELLIOTT WILSON. Fundamentals of momentum, heat, and mass transfer（2nd ed. ）[M]. New York: Wiley, 1976.

[9] AMIR FAGHRI, YUWEN ZHANG, JOHN HOWELL. Advanced Heat and Mass Transfer[M]. Columbia, MO: Global Digital Press, 2010.

[10] LASISI T, SMALLCOMBE J W, KENNEY W L, et al. Human scalp hair as a thermoregulatory adaptation[J]. Proceedings of the National Academy of Sciences, 2023, 120(24): e2301760120.

[11] LEVINSON, GENE. Rethinking evolution: the revolution that's hiding in plain sight[M].

World Scientific, 2020.

[12] PETER WARD, JOE KIRSCHVINK. A New History of Life: the radical discoveries about the origins and evolution of life on earth[M]. London: Bloomsbury Press. 2015: 39-40.

[13] COPLEY S D, SMITH E, MOROWITZ H J. The origin of the RNA world: co-evolution of genes and metabolism[J]. Bioorganic chemistry, 2007, 35(6): 430-443.

[14] MORSE J W, MACKENZIE F T. Hadean ocean carbonate geochemistry[J]. Aquatic Geochemistry, 1998, 4(3): 301-319.

[15] WILDE S A, VALLEY J W, PECK W H, et al. Evidence from detrital zircons for the existence of continental crust and oceans on the Earth 4. 4 Gyr ago[J]. Nature, 2001, 409(6817): 175-178.

[16] ZHIYU HU,VASSIL BOIADJIEV, THOMAS THUNDAT. Nanocatalytic Spontaneous Ignition and Self-Supporting Room-Temperature Combustion[J]. Energy & Fuels, 2005, 19(3): 855-858.

[17] WU Z, YANG G, MU E, et al. Nanofire and scale effects of heat[J]. Nano Convergence, 2019, 6: 1-13.

[18] YANG G, WU Z, WANG W, et al. Creating 20 nm thin patternable flat fire[J]. Nano Energy, 2017, 42: 195-204.

[19] 胡志宇 , 陈祥 . 二维尺度下可图形化的平面燃烧 : 201710102325. 4 [P]. 2019-05-07.

[20] ZHANG S, WU Z, LIU Z, et al. An Emerging Energy Technology: Self - Uninterrupted Electricity Power Harvesting from the Sun and Cold Space[J]. Advanced Energy Materials, 2023, 13(19): 2300260.

[21] WU Z, ZHANG S, LIU Z, et al. Thermoelectric converter: Strategies from materials to device application[J]. Nano Energy, 2022, 91: 106692.

[22] ZHANG S, WU Z, LIU Z, et al. Power generation on chips: Harvesting energy from the sun and cold space[J]. Advanced Materials Technologies, 2022, 7(12): 2200478.

结　　语

科技发展已成为当今世界的主题，而中国已经站上了世界舞台。为了展现中国制造在全球的实力，我们需要采取超越的战略，占领科技制高点，引领经济发展，由跟踪和学习逐渐转向原始创新和超越。

近百年来，我们一直在学习国外先进的科学技术，"山寨"在中国仍然具有一定市场。然而，要让中国成为世界强国，我们必须实施超越的战略，通过创新引领科技发展，从"跟踪和学习"逐渐过渡到"原始创新与超越"。

如果我们仍然亦步亦趋地模仿他国的科技，我们的科技水平将一直滞后。即使我们能够紧随世界先进科技的步伐，最多也只能掌握到"N-1代"的技术。而"山寨"和模仿需要大量的人力、财力和物力，但关键是即便进行了大规模的投入，技术仍然可能处于相对落后的状态。

能源与环境保护是关系到我国国民经济发展和国家安全的重大问题。在当今世界，能源安全已经成为各国国家安全的重要组成部分。作为全球最大的能源消费国，如何有效保障国家的能源安全，为国家的经济社会发展提供有力支持，一直是我国能源发展的首要问题。当前，全球正在经历一场能源革命，其发展趋势主要表现为以下几个特点：

（1）一次能源结构正在经历由高碳向低碳转变的进程；

（2）新能源和可再生能源将成为未来世界能源结构低碳演变的关键方向；

（3）电力将成为终端能源消费的主体；

（4）能源技术创新将在能源革命中发挥决定性作用；

（5）AI 人工智能的快速发展对于电力需求提出了新的挑战，或许会改变全球的能源格局。

微纳技术代表着现代最前沿的科技，其最典型的应用就是我们急需发展的半导体芯片制造行业。芯片制造需要广泛厚实的基础研究为依托，加上技术、技巧和技能的长期积累。芯片制造一直是国产的短板，而美国正利用芯片对我们进行技术封锁。然而，中国拥有像华为这样的企业，得到了国家和社会的支持，中国芯片有望在世界上取得领先地位。

在中国芯片技术的开发过程中，我们面临着在芯片半导体和光刻机方面人才匮乏的问题。没有足够的人才就无法在高端领域取得突破。同时，高端光刻机零件的制造受到国外垄断，难以获得。由于美国掌握着世界顶级芯片技术的众多专利，中国要想绕过这些专利，研究出替代芯片技术具有相当大的难度。台积电公司是全球最领先的芯片和半导体制造商之一，而张忠谋则是该公司的创始人。目前全球能够制造最先进的 5 nm 芯片的厂商只有两家，台积电是其中之一。张忠谋表示，"中国就算全力以赴也难以造出顶级芯片"，就目前的情况来看确实是实际情况。在美国不断对科技进行打压的背景下，中国只能不断前进，许多国人对能够突破困境充满信心。

华为公司创始人任正非指出：中国无法制造高端芯片的问题不在硬件层面，而是因为缺乏高端人才。大学应该致力于能够"突破困局"的基础研究，将大量资金用于物理学家、数学家和化学家等科学家的身上，而不是解决当前技术受阻的问题。在 2023 年 7 月 28 日的华为公司内部高端技术人才使用工作组对标会上，他明确表示要储备人才而不是美元。

今天的卡脖子技术，未来都会成为一般技术，如果没有颠覆性、创新性基础研究的支撑，等我们学会了今天的卡脖子技术，别人又发展出新的卡脖子技术了。大学什么专业火，中国学生就上什么专业，大学就建什么专业。近几年大学里热门的是计算机专业，以前还有会计、法律专业等，学工科专业的学生越来越少。不少学生上了研究生之后，也是跨专业去上能赚钱的专业。

芯片技术的开发不在一夜之间，不能急于求成，但是我们最终会迎来爆发的一天。现在已经有许多的人和公司投入进去了，期待有一天能从封锁里闯出一条路来。如今中国半导体行业的发展，变得沉稳了不少，多家大学的集成电路学院相继成立，人才培养开始进行。光刻机的各种零部件，中科院各个研究所，一些大学的研究机构在各个击破，并且取得了许多可喜的成果。

一个科研成果好坏最终是要用仪器说话的，但目前在国内的实验室与工厂中的高端分析测试设备，基本上都是国外制造。缺乏自主研发的高端分析测试设备，已经极大地影响了我国科技创新能力的进一步提高。

例如，虽然我们好像从来不需要关心一只蚊子的体温是多少，也就不知道蚊子的体温是否会对蚊子的生活习性以及对其传播疾病能力的影响。

要解决这一个个科学问题，总会面临一系列的挑战。如同攀登一座从来没有人走过的山有着特殊的乐趣，许多人会觉得无从下"脚"，但在学会了独立思考，通过充分的调研与实验，就可以把一个复杂的问题分解为多个小问题，总会找到解决方案的。

过去常有一种说法："某项技术外国人研究了20年，中国人5年就研究出来了"，试图以此证明中国人的优秀。然而，这样的说法并不具有说服力。第一个尝试的人可能经历了无数次失败才找到成功的路径，证明这条路是可行的；后来的人则知道，只要继续努力，一定会取得成果。如果一直模仿别人，虽然后续的进展看起来可能更快，但总体上仍然会永远落后。更糟糕的是，我们可能会失去自己思考的能力。此外，20年"弯路"中先进行探索的人获得的技术储备和能力的提升我们并不了解。当我们面对下一轮技术挑战时，并不会有明显的优势。只要原理是可行的，就应该大胆尝试，付出足够的努力，必定会有所收获。

科学需要创造力，创造力的前提是兴趣与包容试错的宽松环境，把科学作为任务甚至命令，只能适得其反。不是所有东西都能"山寨"，一个航空发动机、一个芯片、一个光刻机，就是给你样品也是难仿制的。一台智能手机的设计与制造可能涉及上千个相关专利，每一个专利都重要，每一个专利后面都是厚实的研发。芯片等高端制造需要长期的技术、技巧和技能积累，而这后面其实是人才的积累。现在的问题是，人才大多跑到国外，这是硬伤。中国需要从培养科技人才开始，而且还要建立留住科技人才的国家机制。

芯片是技术工程类的攻关，单靠个人或一个团体的努力是不够的，就得举全国之力，各科研单位生产部门统一协调、合理分工、密切配合才能完成。国家集中优势打歼灭战，补短板政策是对的。世界高新科技领域都有华人的身影，华为就有很好的自主研发和芯片工厂。国家应下力气抓好基础教育，特别是创新型理、工科人才的培养。

我国力争 2030 年前实现碳达峰，2060 年前实现碳中和，是党中央经过深思熟虑做出的重大战略决策，事关中华民族永续发展和构建人类命运共同体。实现碳达峰、碳中和是一场硬仗，也是对我们党治国理政能力的一场大考。

在全球碳中和目标下迎来投资热潮，碳中和、零排放正在以前所未有的方式重塑科技与资本地图，碳达峰、碳中和是挑战，也是比当年互联网还更大机遇。世界各国实现碳中和所需投资规模在千万亿美元以上，将为创造出一大批新的行业，带来巨大投资机会。目前世界各国政府都在大力支持碳中和相关技术。美国新任能源部长在国会作证时说，美国将在 2030 年前花费 2.3 万亿元美元发展清洁能源技术，以保证美国的未来竞争力。我国在碳中和方面也将进行超大规模的投入，到 2030 年预计投入将超过 150 万亿元。能否按时达到碳中和目标，目前已经成为世界各国科技力量比拼的战场。目前，我国高碳排放经济与产业结构告诉我们如果仅仅依靠传统技术渐进式的进步是很难实现碳达峰与碳中和所规定的目标。

笔者非常感谢一直关心与支持我们工作的各位领导、专家、老师与朋友们，更加感谢我们的家人们给予我们无私的爱与支持，才使得我们能够顺利高效地完成本书！